郑沄◎编著

好命女人的12堂必修课

中国纺织出版社

内 容 提 要

女人的幸福，在于心态的修炼。有着良好心态的女人，她们会给自己多留一点空间，能够静心思考，发现自己的价值和生活的美好。

本书从12个方面，以轻松的笔调结合感动心灵的优美语句，让你在涤荡自己的心灵，使之纯净、宁静的同时，给生命以慰藉，给生活以关怀，不断提升自身的修养，实现人生的蜕变。

图书在版编目(CIP)数据

好命女人的12堂必修课/郑沄编著.—北京：中国纺织出版社，2016.1（2024.1重印）

ISBN 978-7-5180-2024-9

Ⅰ.①好… Ⅱ.①郑… Ⅲ.①女性—成功心理—通俗读物 Ⅳ.①B848.4-49

中国版本图书馆CIP数据核字(2015)第236353号

责任编辑：闫 星　　责任印制：储志伟

中国纺织出版社出版发行

地址：北京市朝阳区百子湾东里A407号楼　邮政编码：100124

销售电话：010—67004422　传真：010—87155801

http://www.c-textilep.com

E-mail:faxing@c-textilep.com

中国纺织出版社天猫旗舰店

官方微博 http://weibo.com/2119887771

永清县晔盛亚胶印有限公司印刷　各地新华书店经销

2016年1月第1版　2024年1月第3次印刷

开本：710×1000　1/16　印张：15

字数：210千字　定价：45.00元

凡购本书，如有缺页、倒页、脱页，由本社图书营销中心调换

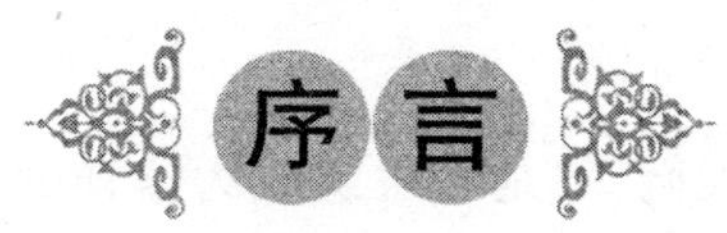

序言

在我们的生活中，不少人常在茶余饭后提到“命”这个话题，而如果你去问一百个女人“你信不信命”，她们要么是点头，要么是一点儿无奈……大部分女人是相信“命运”的，虽然她们并不知道所谓的“命运”到底是怎么一回事，但似乎“命运”情结自打她们记事起就刻在她们脑海里了。

其实，我们可以这样认为，女人的“命运”应该是女人一生的“生存和心理状态”，也就是如果你认为自己幸福，就是好命。不过，聪明的女人都知道一点，女人要想好命，就不能把命运完全交托给其他任何一个人，因为命运掌握在自己手里。

然而，我们听到更多的是“女人干得好不如嫁得好”这样的观点。于是，有不少女人把找个好男人当成自己一生的追求，希望冥冥中的上帝能给自己安排一个救世主式的男人，让自己过上衣食无忧的生活，甚至天塌下来他也能给自己顶着。然而，最后的结果呢？或许有人真的从此就成了好命女人，或许也有人就此毁了一生的幸福，但我们看到的似乎是后者居多。道理很简单，你才是自己命运的建造师，没有人能许你一个真实幸福的未来。

然而，毕竟男女有别，所擅长的领域也不同，女人更应该学会借力来获得成功。所以，聪明的女人不但勤奋、拼搏，更懂得以柔克刚，为自己积累资本；懂得为自己寻找一个伯乐，经营自己的事业，也懂得与优秀的人为伍，让自己跻身于优秀者之列；她们也不排斥爱情，只是他们更知道自己适合什么样的爱人……她们更明白一点，真正的幸福来自于自己的争取，不能因为别人给你幸福，你就幸福；别人不给你幸福，你就不幸福。幸福与否，全在自己，因为每个人幸福的种子都在自己的心间，需要我们自己去灌溉，去逐渐培养，否则，它就会干枯。

那么，生活中的女人们，你是否也想成为这样的女人？确实，哪个女人不希望自己找一个疼爱自己又懂生活的老公呢，不希望自己在有美好家庭的同时拥有一番好的事业？事实上，这既是一种美好的幻想，也是一个可以实现的梦想。但无论如何，都别只是羡慕他人，与其整天在幻想中生活，不如用自己的努力和勤奋去拼搏一把，只要你相信自己，那你也会成为好命女中的一分子，因为命运是握在自己手中的。

本书就是着眼于女人要想得到好的命运必须注意的关键问题，它告诫女人们要从不切实际的梦中醒来，如何让自己在女人堆中脱颖而出，如何了解男人心理，如何嫁给适合自己的男人，如何经营自己的婚姻等。并且，本书还深入浅出地给女人提出了如何成为好命女人的“必修课程”，让女人从所谓的“幸福王国”中清醒过来，懂得要通过自己的双手设计命运、建造幸福。如果你按照本书提供的方法和技巧去实际操作，相信你的人生会越来越幸福。

编著者

2015 年 9 月

目录

上篇：女人心思玲珑，好运总伴

第 01 章
女人用慧眼看世间，为自己选择一条好命的路

大多数女人都想拥有富足且平稳的生活，然而并非每个人都能如愿。女人们都希望遇到自己生命中能够助自己一臂之力的贵人，然而贵人又在哪里呢？怎样才能让自己生命的轨迹圆满又成功呢？答案就是“跟对人”。选择一门适合自己的行业，跟随一位欣赏自己的老板，多和优秀的人接触，别与命里的贵人失之交臂，那么你就可以拥有人见人羡的“好命”了。

女人要为自己选择一个能提升自己的好环境

对大多数女人来说，生命中的三件大事是上学遇到好老师，工作时遇到好老板，结婚时遇到好老公。生活中，你跟谁一起共事，跟谁一起生活，这是常常影响女性生命轨迹、决定女人事业与婚姻成败的重要因素。

所谓“近朱者赤，近墨者黑”，与不同的人在一起，人生往往会有不一样的际遇。自己的人生定位固然很重要，但更重要的是你和谁在一起！如果你是谦谦君子，就不会与小人为伍；在鸡窝中长大的雄鹰学不会飞翔，更无法翱翔于蓝天，搏击长空。可能你原本很优秀，但终日与碌碌无为的人在一起，你也会渐渐变得平庸；原本你有梦想，但总与颓废消沉者厮混，远大的理想也会悄悄磨灭，你会在不知不觉中沉沦。

“孟母三迁”的故事想必大家都已耳熟能详。

在孟子很小的时候，父亲便去世了，母亲守节没有改嫁。最初，他们住在墓地附近。孟子与其他小孩常模仿大人跪拜和哭嚎的样子，玩起办丧事的游戏。孟子的母亲看到后，皱着眉头说：“不行！我不能让我的孩子住在这里！”于是，她带着孟子搬到市集附近居住。不久，孟子和孩子们又玩起学商人做生意和屠宰猪羊游戏。孟子母亲知道后，皱着眉头想：“这个地方也不适合我的孩子居住！”于是，他们又搬家了。这一次，他们搬到学校附近。阴历每月初一这天，官员会到文庙行礼跪拜，互相礼貌相待，孟子看见了一一记在心里。孟子的母亲很满意地说：“这才是我儿子应该住的地方呀！”

后来，人们常用“孟母三迁”来说明环境对一个人的影响。

虽然你早已不是成长中的孩童，但作为需要被人呵护的女性，懂得为自己选择良好的环境，接近优秀的人与良好的事物也很重要。要善于从身边形形色色的人之中发现能带给你知识、让你增长见识且有所提高的人，接近这样的人，才会使你的人生轨迹受到积极的影响。

人与人的交往会形成纷繁复杂的社会关系，使每个身处其中者都会受到各种环境的影响。跟随有能力且有思想的人，可以少走弯路，更快踏上成功之路；如果你身边多是些思想简单或平庸之辈，那最好早离开。女性千万不要与品性不良或言而无信者交往，否则容易反受其害。

当你与智者为友时，你绝不会成为愚者；当你经常与软弱者为伴时，你可能无法成为强者；如果你想成为优雅且有品位的女性，最便捷的方法就是交一位有品位的朋友，向他/她学习，不断提升自己。

对你影响深远的人，往往正是你身边的人。正如与勤奋的人一起，你就不会懒惰；和积极的人在一起，你就不会消沉；和智者在一起，才能让你超越平凡。即使你只是力量微小的纤纤女子，懂能借力也能成为战无不胜的勇者。所以，任何时候，多和积极且有助于你提升的人接触吧！

女人不能嫁错郎，也不能入错行

生活总是日复一日地重复，而人们总在重复的生活中寻找新的开始，如情感和职业的开始。古人说“男怕入错行，女怕嫁错郎。”其实对于现代女性来说，同样也怕入错行。当今社会，女性不仅要教儿育女，还要和男性一样在职场打拼。在工作领域，女性的表现绝不亚于男性，承受着前所未有的压

力。做自主独立的女性，让薪水与事业为自己带来更大的安全感。

继续下去太痛苦，改行又会困难重重。如果择业时没有慎重对待，随之而来的苦恼会变成横在人生路上的千百道坎儿。

周丽在大学里学的是播音专业，毕业后并没有从事广播行业，而是做起了行政工作。因为公司的待遇还不错，福利也让人满意，而且离家比较近，家庭与工作都可以兼顾。刚开始，她还满腔热情，可是时间一久，就觉得生活平静得没有一丝波澜，看着同学们都飞黄腾达了，她的心里很不是滋味，觉得自己安守着这份没有变化的工作，实在太没有上进心了，于是她决定跳槽。凭借能言善辩的优势和富有魅力的声音，周丽在一家销售公司做起了销售总监。可是销售工作并不轻松，每天既要面对客户的大量投诉；还要磨破嘴皮向顾客推销，别人还不一定理睬，让人备受打击。工作很累，却没体现出工作价值，到头来什么也没学到，反而耽误了自己。可是，如果开始从事其他行业，又要像刚刚毕业时一样，一切从头学起，这几年工作积累的经验全白费了。现在，周丽觉得自己也不知道该何去何从了。

你想做什么？喜欢做什么？适合做什么？一定要给自己明确的答案。想清楚这几个问题，才是我们不会入错行的关键所在。而周丽就是因为没看清楚自己真正适合什么、喜欢什么，才一次次地跳槽，使自己陷入事业上的僵局。

其实工作不需要如何体面，取得成就的关键在于，你能否在工作中感到充实与快乐，只有快乐工作，才能把工作做得更好。

要在某个领域里真正立足，至少需要三年以上时间，跳槽未必是好事，择业更让人迷茫。尤其是在当下竞争激烈的时代，择得好是机遇，择得不好就是一败涂地。西方有句谚语，叫“滚石不生苔”，翻译成浅白的中文，即“转

行不聚财”之意。虽然现代社会中，跳槽已经成为一种时尚，但是频繁更换工作的结果往往是无法深入了解你的工作，不仅工作经验积累不够，人脉关系也得不到充分培养。当然不是要你一入行就要“从一而终”，问题的关键是该不该转、往哪里转及怎么转？这些都需要仔细思考。

入错行可怕，但更可怕的是一而再、再而三地入错行，永远不知道自己想干什么，适合干什么。如果是那样，你的生活将会是一片暗淡。在黑暗里瞎摸乱撞，能否闯出一片光明来，那就看你的运气了，当然这种可能性非常微小。鲜亮的生命不是撞出来的，是经过我们蹒跚的脚步试出来的。每个人的气质、学历和能力等因素都存在一定差异，对于选择职业有非常重要的意义，这些条件决定了你的发展前途，也决定了你能否获得成功。

身为女人，既要花时间照顾家庭，又要花心思打扮自己，没办法像男性一样将全部的心思与精力都投入到工作中，但又必须靠能力赢得适当的经济地位，因此女性的眼光要更锐利，选择更要正确。选择一份自己喜欢并适合的职业，这样你的生活才会更有滋味。

做一个受领导重视的出色员工

随着时代的变迁，女性纷纷升起经济独立的风帆，不仅在职场中打拼，甚至还勇敢地独立创业捞金。怎样的女性才能在职场上获得成功？这不仅取决于自身的硬件与软件，还要看她有一位什么样的领导者。没有雄心的老板，他手下的员工也很难保持积极的进取心。

有雄心的员工遇到没有壮志的老板，因为得不到发展，梦想会慢慢成为

泡影。应该寻找具有领袖风范、坚韧果敢、有勇有谋且懂得如何用人的老板，这样的领导者才能引领你朝成功不断迈进。

赵灵大学毕业后进入一家台资企业，成为总经理助理。上班几个月后，不仅工作做得出色，她还经常主动加班，因此深受总经理喜欢。赵灵很喜欢这份稳定且薪水较高的工作，但身边年轻的同事却不知为何，一个个陆续离职了。

某天，赵灵偶遇离职的前同事时，她说："公司这么小，工作了几年感觉自己一直处在一个水平线上，不如趁年轻跳槽，多学些东西吧!"前同事的话让赵灵也有所感悟，她干脆报了个培训班，晚上再没时间加班了。就这样持续了一个星期，公司又有一位财务人员辞职了，领导却以招不到合适的人为借口，把部分财务工作交给她，这下她就没时间去参加培训了，只好日复一日在办公室里加班。

有一天，财务主管与赵灵谈话时，透露出前段时间总经理曾询问过她，赵灵是不是想辞职了，看她天天不加班了，办公桌里还藏了本韩语书。赵灵恍然大悟，当初还以为是总经理器重她，看重她的工作能力才增加工作量，原来他只是怕自己的员工飞了。

这样的老板没有员工愿意为他努力付出，因为他不会为自己的员工着想，更别说发掘每个员工的潜质了。如果遇到这样的老板，要毫不犹豫地离开，因为一个自私自利的老板，他可能随时将下属置于不利不义的困境中。真正出色的领导，会用他的亲和力与洞察力来征服员工。

有一位销售公司的老板，为人内敛，但雄心勃勃。他的公司一年前只有二十几个人，一年后已达到近两百人的规模。当有人问他秘诀是什么？他总是笑着说没有。

而公司的员工却说："从来没见过吴总一步一阶上楼梯。""他与大家都以同事相称。""客户过来时，他会轮流带公司的员工去见面，这次是你，下次是她。""公司的每一步发展，他都会在会议中通报。"只听说过员工向老板汇报工作，却没听说过老板向员工汇报情况。曾有个南方女孩刚来公司做销售时，因为普通话不标准，业绩也不怎么理想，自己很着急。后来吴总主动帮她纠正发音，得到领导的鼓励后，她的业绩冲到了前所未有的高度。

从吴总上楼梯的方式来看，就知道他的工作效率。这样的公司，这样的老板，谁都愿意为他效力。所以公司每个月的销售记录都在直线上升，销售的比拼在内部如火如荼地展开。每位销售人员都是历经百战。其实这位领导并没什么特别，他只是以身作则，严于律己，比别人多一份谦虚，多一份大度。正如有句话所说："一群厉害的员工，一定会有一位出色的领导者"。

有些人求职时只是随波逐流地被公司挑来挑去，大多落入中庸的群体中。中庸的老板无法培养出优秀的员工，如果你希望自己的潜能彻底展现，那么请看准你的老板。就让我们来一次有力度的改变，让我们跟随出色的老板，让人生得到一次全新的洗礼，实现人生的最大价值。

命里的贵人要靠你用心去发现

什么是贵人？在生活与工作中能给你帮助或为你指引方向的人，就是你的贵人。人生的成功离不开贵人相助，如若没有贵人相助，有时候付出再多也是徒劳一场。若能遇见并发现贵人，一定要认真把握，他就能成为你生命中的一抹阳光。

小玉第一次和景芳去咖啡馆时是在广州。那是一个周日的午后，咖啡馆人本来就多，加上愉悦的音乐使人更不愿离开。喝完后两人争着付钱，最后景芳赢了。

景芳比小玉阔得多，现在是一家杂志社的副总监，还嫁了一位事业有成的好老公。相比之下，小玉感觉很失落。

上大学时，学校请来一位在学术界很有权威的学者，那位学者不仅仪表堂堂，而且在演讲台上尽展他的睿智与风采。几乎每场演讲都以机智幽默逗笑全场师生，他用热情洋溢的言语鼓舞着莘莘学子。中文系里的女孩们听说这位才华横溢的学者居然36岁还未婚，是某杂志社的著名主编，就联名上书要求他来学校多演讲几次。记得有次演讲快结束时，到了听众自由提问环节。这时候，景芳就大方出击了，她提出了全校女生都想问的问题。景芳当着全校几千人的面问起了学者的电话号码。虽然那位学者没有留下号码，却对景芳留下了印象。散场后，她又跑到休息室去问，号码终于问到了。从此之后，景芳几乎隔三差五都打电话，简直就是穷追不舍。景芳原本就是学校公认的大才女，她的梦想就是进杂志社工作。景芳毕业后直接去了学者的那家杂志社工作，多年后，她已经成为了杂志社的副总监，并且打算着自己注册一家杂志社。

想得到贵人的帮助，首先要展示你的闪光点，贵人当然希望自己帮助的人身上具有一定的潜质，所以你必须在贵人面前多展示自己的特长来获得他的好感。

俗话说，做事为后，品质为先。一个人品质不好，没有人愿意接近，更没有人愿意帮助。拥有优秀品质的人走到哪里都能让人喜欢，尤其是在贵人面前，我们更要用自己的美德来展示自己，让你的好品质成为“贵人磁铁”。

谁都想遇到贵人，谁都希望能有贵人提携自己一下。然而贵人需要我们从广泛的人际圈里发现。

随着市场竞争的强烈，甲开的服装店生意越来越不理想，以至有时候连房租也赚不到。有一天，乙碰到甲说，看你摊前挂的那“破板子”能吸引顾客吗？改天我帮你设计个广告，弄些传单，你再多采购些货源，肯定生意会好起来的。甲听后觉得有道理，心想就听你的试一试。果然，新的广告牌刚挂上，传单还没发出去，顾客已经纷至沓来。甲心里很高兴，觉得这招真灵。两年之后，他已经靠着这个招牌开了十几家连锁店了。

贵人不一定远在天边，也可以就是自己最要好的朋友。生活中处处有贵人，我们千万不要被自己短浅的眼光所欺骗，而小看了贵人，远离了贵人。

在这个竞争激烈的年代，无论你从事的事业大小与否，如果没有贵人相助，获得成功的机会就少多了。

正确的时间，正确的地点，又遇到了正确的人，我们要用心地把握贵人所带来的机遇。让他们为你带来幸运，在关键时刻为你排忧解难。

做一个有吸引力和凝聚力的魅力女人

人缘好的女人就像是一块“磁铁”，自然而然会吸引别人的注意，获得别人的帮助。

都说在家靠父母，出门靠朋友。没有好人缘的人往往就容易落得“孤家寡人”的下场。而生活中信息的传递与感情的交流，都离不开人与人之间的交往。

人缘好的女人气色好，心态好，所以惹人怜爱；而人缘不好的女人往往面色无光，四处抱怨，还惹人嫌。你可以想象，若你的邻居是两个女人，一个整天欢欢喜喜地接待朋友；另一个女人整日斤斤计较，埋怨他人。你肯定会为第一个女人欣慰，为第二个女人悲哀。

人缘好的女人不仅会被大家认可，甚至在人际圈里会成为大家欢迎的对象；人缘不好的女人往往被人质疑，甚至被他人拒之千里。

小梅在一家公司里一直担当着小文员的工作。平日里小梅主动和大家交流，并且热心帮助同事们，工作也勤勤恳恳，认真负责，和大家的关系都不错。刚来半年，温柔大方的小梅就从前台文员直接升为副总的助理，而且获得同事们的认同和赞许，认为她是个既懂得工作又懂得生活的女人，友谊与事业双丰收。

如果一个人得不到朋友的认可，她又怎么得到上司的认可？能力只决定短暂的成功，而人缘的好坏却能决定一世的成败。

打造好人缘的同时也要多约束自己，但是约束自己并不意味着让我们不顾自己的感受。不管碰到什么人，试试换位思考，这样你才会与别人站在同一个立场，不会令自己做出一些伤人的举动，渐渐身边的朋友也会越来越多。

当今这个商业化的时代，只有拥有好人缘，你才能看清和主导自己的人生地位。拥有了良好广泛的人脉，不管你走到哪里，都会有人帮你。反之，则注定要被孤立。

第02章

女人要懂点心理学，学会辨人占据选择主动权

都说一个人如一本书，所以读人比读书更重要。衣着华贵并不代表他内心充实；别人对你微笑并不见得这个人就是你的朋友。看懂一个表情，或许能够洞察他的内心；看懂一个动作，可能掌握他的意图。虽说人心深似海，但每个人的内心都会通过一些细微的举动表露出端倪。懂点心理学，看懂别人的潜台词，这才是做人的最高境界。

女人善于察言观色才能占据交际主动权

当今这个物欲横流的商业化社会，激烈的竞争使我们的每根神经都紧绷着。职场中的钩心斗角与明争暗算早已让人心力交瘁。正所谓职场如战场，虽然我们做好了吃苦和奋斗的准备，但是如果你想驰骋得更远，光拥有专业能力是远远不够的，还要懂得察言观色，懂得一些读心术。为了追求一份适合自己，又能展露才华的工作，我们处心积虑；为了得到老板的肯定与欣赏，我们煞费苦心；我们永远不知道老板对我们的价值期许是多少，也许很高，也许更高。只有读懂老板的表情，才能在公司站稳脚跟，才能游刃有余地工作。老板是人，也有情绪，要做到知己知彼，就得处处留意，从细节里分析对方的真伪与喜恶。察言观色且洞察人心，胜利才能握在手中。

茜茜前年毕业于浙江一所知名高校，毕业后被一家外企高薪聘请。工作中，她处处严格要求自己，年终考核时，业务量摇摇领先同批入职的大学生。她因此受到上司的赞誉："你的个人表现很突出。"难得领导欣赏自己，茜茜自然欣喜不已，对工作更是一丝不苟。有时为了显示自己的能力，会毫不犹豫地包揽一组人的工作。

一年后，部门主管调到其他岗位，茜茜心想：升职的机会到了。然而，左等右等却扑了一场空。领导并没有考虑她，而是提拔了一位能力明显低于她的同事。

茜茜对此感到很不解，便找上司理论。上司很坦诚地告诉她："这个职位需要的其实是善于察言观色的人，在察言观色中多了解客户，而你过于专

注自己的个人表现。”茜茜这才意识到，上司过去“称赞”她个人表现突出，实则是在暗示她要注意团队合作，最终她与这次升职机会失之交臂。

太专注于自己的工作，通常会忽略同事的喜怒哀怨。察言观色在职场中是必备的一项本领，不对客户察言观色就无法获得很好的效益，不对上司察言观色，我们永远不知道他们的内心想法。在这种情况下，我们无法主动，只剩下被动接受。

公司总经理从上海出差回来后就开始乱发脾气，邱云还没走进总经理办公室，就听见里面破口大骂声，她不想现在进去，但是有客户拜访正等得着急。她小心翼翼地敲门，总经理没好气地说了声“进来”。她看见两个同事被训得垂头丧气，正准备说会客室有人拜访时，就听见总经理没好气地说：“我刚叫你过来，你没听见吗？你们两个可以走了！”总经理翻出昨天邱云草拟的策划案，怒气冲冲地说：“你写的是什么东西？连对方的基本情况都没弄明白。还有这个地方这样写合适吗？你觉得很合适是吗？”邱云哪敢辩驳，只有低头挨训，等到总经理说累了，停下来的时候，才奇怪邱云今天怎么一言不发，要是往常她绝对要申辩的。最后总经理才轻轻地说：“好了，没事了，你出去吧。”邱云庆幸地小跑着出了办公室，出来时竟忘了与总经理说客户拜访的事，只好又转回去对总经理怯怯地说：“会客室有客户来拜访您。”听着她细细的言语，总经理内疚地看了她一眼，轻声说：“知道了，忙你的事去吧，在上海发生了些不愉快的事。刚才我的火气有点大，别往心里去。”邱云退出办公室，心想何止是一点大，我要是刚才辩论几句，肯定被您炒鱿鱼了。

邱云不仅熄灭了总经理心中的怒火，还换得总经理的关注与认可。老板是人，他也有情绪，他不可以对客户发火，有时只有在公司内消消气。就

算他再怎么火气冲天,也只是暂时的。你用独特的方式去包容他并理解他,一定会赢得他的认可。

职场中每位员工都应当学会察言观色。从观察人的表面判断人的内心,不仅可以少犯一些不必要的错误,甚至有时还能派上大用场。每位上司或老板,不可能会无缘无故地喜形于色或怒不可遏,只要我们能对自己的上司多了解一点,找准根源,在工作中就一定能与上司处好关系,成为深得人心的职场明星。

会解读肢体语言,能更好地了解他人

出门看天色,进门看脸色,大家都知道通过人的面部表情可以判断别人的心情。但大多数人似乎忽略了另一个情绪突破关口,就是肢体语言。

肢体语言可以在不经意间流露一个人的潜意识,可以在一瞬间显示出他人的真实想法。肢体语言还可以帮助我们在重要场合洞悉对手的情绪,可以在赛场上发现敌人的弱点。肢体语言往往比脸部表情更真实,看懂了别人的肢体语言,能让你变得更明智。球场上,教练要看清队员优势与弱势,可以观察肢体语言;职场上,想在同事眼中了解某个人的地位价值,可以观察肢体语言。有人说:给上级打电话声音越讲越小,给下级打电话声音越讲越大,给情人打电话越讲越远。当这个人拿起电话背过身去的时候,你是否该考虑回避,因为那是他不想让你听见的内容,不然你就会被别人厌烦。肢体语言是一门学问,你要知道每个小小的动作里都蕴藏着不一样的信息,包括人们的性格、情绪和思想。我们可以从下面这几种肢体语言中发现不

同人的性格差异。

摆弄饰品：在公共场合通常能看见这类人。这类人大多数是女性，性格较为内向，属于缺乏自信的人群。

掰手指：有些人在双手闲着的时候喜欢将手指头掰得“咯咯咯”响，这种人精力比较旺盛，很健谈，但遇事喜欢钻“牛角尖”，对工作环境和他人都比较挑剔。如果是他喜欢做的事，一定会踏实执著完成。

抖脚：有些人喜欢抖动脚尖甚至整条腿。这类人善于思考，经常能想到别人想不到的问题。但是缺点是比较自私，很少考虑别人，对别人吝啬，对自己慷慨。

言谈有说有笑：与这种人交谈，会让人心情放松。这种人大多有人情味，感情专一，对友情和亲情特别珍惜。人缘较好，生活比较平静。

边说话边摸下巴：这种人做事大多很谨慎，警戒心强，一般考虑事情会很周全，与这样的人交友，会让人受益颇多。

拍打头部：这个动作通常表示自我后悔和自我谴责。这类人比较善良，没有心机，很富有同情心。对别人也很热心，但就是保守不了秘密。

正襟危坐：面对不熟悉的环境与陌生人时，这类人很容易紧张，这是谦虚且重视对方的表现。如果在亲朋好友面前也如此，那表明此人认真严肃，做事严谨，但往往缺乏灵活性。

双腿叉开：这类人往往不拘小节，性格开朗主动，喜欢由着自己的性子做事。

跷二郎腿：表示此人对对方怀着一颗居高临下的心理，是优越感的表现。

大腿并拢，小腿分开：这种人通常表现内敛，但很有自己的想法，但也注

重别人的想法。

习惯坐在椅子边缘处:这种人则不自信,比较自卑,随时准备站起来。

身体前倾,直视对方:表示此人对对方的谈话内容很感兴趣,并且愿意继续交流。

肢体语言是一门学问,不仅可以帮我们了解他人的内心,还能从中更了解自己,提升自己,让你和周围的人更从容地进行智慧的交锋。

小小的细节,简单的动作,就能考验你的智慧。意会他人肢体语言,能使你很快调整应对他人的方法,当你对对方的情绪或态度有所了解,你可以相应地调整自己的言语和行为,从而来达到你要的效果。

肢体行为也是一种内心语言,只要我们稍微地掌握一点,用我们的慧眼去了解别人的心机,通向成功的路就在你的脚下。

从言语声调中把握他人内心

如果说眼睛是心灵的窗户,那么语言就是表露内心的大门。不管是在生活中还是在职场上,每天都会碰到形形色色的人,每天不得不和各种各样的人接触。语言是人们建立关系的直接桥梁,是心灵交流的重要工具。从对方的谈吐中能够分辨出一个人的真善美,通过谈吐,我们可以判断他的价值。

语言是学识和教养的标签,是身份和地位的象征。谈吐的方式,反映出一个人的心理状态,越深入交谈,越能展露出此人的真实面貌。

当我们与别人交谈时,有的人豪言壮语,滔滔不绝;有的人遮遮掩掩,闪

烁其词；有的人只顾自己讲，有的人只是静静地听。从这些状态中我们可以看出一个人的性格，根据他/她的性格，我们就可以选择与其相处的方式。

当然，人心有时难以完全洞察。一个人有千万种心思，而世间又有千万种人，怎样从言语中洞悉人物的心理，说难也难，说容易也容易。

1. 弦外之音

有的人比较直爽，而有的人则比较委婉。遇到意见分歧时，直爽的人会坦率地说出自己的想法，而委婉者往往会拐弯抹角，这时我们必须用心地从他的言语中了解他的心理，捕捉他的心态。总喜欢通过弦外之音来表达的人，性格通常不够坦率，与这样的人打交道最好多提防，多长个心眼。

2. 音调高低

在通常情况下，如果领导特意提高声音讲话，那就说明说话的内容要比往常更重要。就如老师上课时总是运用抑扬顿挫的声调，声调抬高就意味着这里是重点，否则常会一笔带过。

说话的音调高低可以看出一个人的个性。音调高而阴阳怪气的人往往轻浮或自利一些。而说话沙哑低沉的声音往往深藏某些内容，让人琢磨不透。

3. 说话的方式

从一个人说话的方式就能看出他的品性。有的人尖酸刻薄，有的人乐于奉承。尖酸刻薄的话刺耳，奉承的话谁都听不腻。只是尖酸刻薄的人未免不说真话，而乐于奉承的人说的多是假话。只要我们稍加留意，你会发现尖酸刻薄的人虽然不是你的诤友，却无大害。而奉承你的人，却可能将你引入万劫不复的深渊。

4. 言语的内容

内容本身就是一个很丰富的话题。从语言的内容里面我们可以看出一个人对人或对事的态度以及取向。有的人喜欢聊话题,有的人永远都信奉沉默是金。喜欢聊话题的有一种人是见多识广,而另一种人则是夸夸其谈、爱自我表现。信奉沉默是金的人,往往是惜字如金。

5. 谈话的姿态

有的人满口新鲜词,喜欢标新立异,还声情并茂;有的人讷讷无语,说的话也是朴实无华。有的人巧言令色;有的人絮絮叨叨。有的人语言精练简洁,只说重点;有的人七扯八扯,没一句到位。从各种说话方式中,我们就能看出一个人拥有怎样的性格。

辨认其中的真善美不仅需要智慧,还需要一点点心机,真正能做到不动声色的人又有几个?

当年东方朔为何能捧得汉武帝龙颜大悦?那是他掌握了从语言看心理的这把金钥匙。真正的谈判家不仅拥有巧妙的语言和智慧,他还必须具备从对方的言语来了解其心理的能力。如果你不能从他的言语中洞察心理,那么你就少了一种优势,甚至还会背上不识趣的坏名声。

研究他人的语言时,我们自己的语言也会在不知不觉中获得提升。健康的语言能让人看到希望,不健康的语言能让人看到粗鄙。女人只有会听"音",学会从别人的语言中洞悉他人的心理,才能成为语言的主导者。

从别人的所做的决定看出对方性格

"有怎样的思想,就有怎样的行为;有怎样的行为,就有怎样的习惯;有

怎样的习惯，就有怎样的性格；有怎样的性格，就有怎样的命运。”这是著名哲学家查·霍尔说的。行为和决策非常重要，而行为和决策的背后，则会表现出一个人的性格。

决策是企业领导责任心和胆量的表现，如果你对企业没有责任感或不敢拍板决策，那么任何决策都会显得可有可无。一个有胆识且果断决策的领导者可以带领企业走向辉煌。

大家都知道诺基亚是全球的知名企业，诺基亚的成功和总裁奥利拉的惊人胆识和果断决策是分不开的。1993 年，奥利拉下达命令：将移动通信之外的部门通通卖掉！此令一出，立即遭到公司上下员工的强烈反对，但奥利拉没有改变自己的决策，他的理由是为了保证移动网络和移动电话业务的持续发展，必须卖掉其他部门。他不顾众多员工的强烈反对，果断地采取了行动。每出售一个部门，诺基亚的老员工就会减少一些。随着放弃的部门相继被出售，诺基亚的队伍越来越年轻。奥利拉快速而坚定地转向电信业的发展规划，正是这一被称作“败家”的举措，使诺基亚步入了快车道，也正因为做出此决策的领导人有着超乎常人的胆识和果断，才使诺基亚在电信业引领全球，独领风骚。

优柔寡断、不具创新力和惊人胆识的领导者则可以使一个优秀企业渐渐没落，甚至被世人遗忘。

在钟表行业，瑞士钟表向来独占鳌头，但是这一领先地位最终被精工打败，瑞士钟表王国被颠覆了。20 世纪 50 年代瑞士钟表市场占有率高达 50% ~80%，畅销全球 150 多个国家和地区。而精工手表当时不仅销路不佳，形象也不好，甚至有“精工不精”的评价。但是精工人拥有一股创新意识，他们另辟蹊径很快研制出了高性能的石英计时器。它的平均日误差只

有0.2秒，精工钟表夺下由“欧米茄”霸占了17届的奥运会计时权，这大大出乎瑞士人的意料。但瑞士钟表却没有意识到问题的严重性，没有对自己的产品进行创新和改造。1970年，精工石英电子表研制成功。1974年，液晶显示石英电子表投放市场。1980年，精工收购瑞士珍妮·拉萨尔公司。瑞士钟表此时的王牌位置已被精工手表所取代。这就是瑞士钟表领导人对于对手的创新型产品不以为然，在适当的时候未做出相应的决策以应对市场需求的结果。

一个领导人对时机的把握和决策的及时性，对一个企业的兴衰存亡有莫大的影响。当今世界首富巴菲特就是一位喜欢冒险和善于抓住时机的投资者。在变幻莫测的股市里，他总是敢于投资常人觉得不可思议的行业或企业，正是他的这些不可思议的举措使得他获得了不菲的收益，并成为世界首富。

在2008年世界金融危机中，各个行业都呈低迷状态，股市更是一跌再跌。很多企业都在这次金融危机的冲击下破产倒闭，而股神巴菲特却在此时拿出自己很大一部分资金投入低迷的股市，在旁人看来这是疯子才会做的决定。但巴菲特坚持将资金投入低迷的股市，然而他不仅没有财产损失，反而让他在巨大的风险中获得了最大的收益。

可以说，就是巴菲特善于抓住时机并且果断做出决策，才使他在股市中能游刃有余，被世人称为股神。唯物辩证法认为世间不存在两个完全相同的事物，任何不同的人对同一件事情做出的判断和决定都不相同，产生这种差别的原因就在于内在的性格因素，这也验证了那句“有怎样的思想，就有怎样的行为；有怎样的行为，就有怎样的习惯；有怎样的习惯，就有怎样的性格；有怎样的性格，就有怎样的命运。”女人要在商场上立足，更要学会通过决策了解他人的性格。

从衣着看他人的身份与性格

身处商业化的时代，每个人的脚步都努力地朝着时代的前端迈进。在这样经济与潮流并行的社会里，生活中的变化与社会的阶层分化在城市中愈演愈烈，使人们对衣着的要求也越来越讲究。服装是一个时代的文化，从一个人的衣着喜好中，可以看出他/她的身份与性格特征。

我们之所以可以从古装电视剧中看出哪个是官爷，哪个是儒商，哪个是丫鬟，哪个是小姐，哪个是富公子哪个是穷书生。这是因为他们的服饰很清楚地表明了他们的身份和地位。

当今社会的服饰不再带有鲜明的身份色彩，但还是反映出一个人的修养和品位，能反映一个人的心向与志趣，也能反映出她的工作和职业。在各大公司里，我们会看见穿着不同公司制服的员工。不同的款式让我们知道他们属于哪个公司，而不同的颜色又可以告诉我们他们身处的职位。

穿着宽松、暴露或衣服上到处是破洞洞的女孩，大多20岁以下。她们追求的是非主流，越个性的衣服她们越喜欢。而穿着套装的女性往往是朝九晚五的上班族。

不一样的衣着流露出不一样的个性，具有敏锐审美观并且懂得职场礼节的人会穿着得体。如今崇尚美丽与金钱的人越来越多了，各种五花八门的服装设计都有人欣赏。当然这不仅取决于人的选择，也由金钱多少而决定的。LV包、GUCCI手袋或买套Hermes西装、一块Rolex手表，这些物品非常昂贵，从着装中我们可以判断出一个人的富有程度。当然，生活中也有很

多身价不菲,但穿着简约的人,我们无法通过一个人的外貌就简单判断一个人的身份,但可以从衣着的风格与色彩了解一个人的性格。

1. 从衣着风格看他人性格

喜爱穿华丽服饰的人表现欲强,当然也能透露出这种人对金钱的欲望,只要把握她们的心理,我们可以适当地用些“膨胀剂”,便能更稳妥地与其相处。

爱穿朴素衣服的人缺乏自信,没有主见,遇到此类的人不妨低调大度一些,他们会对低调大度的人颇有好感,并且喜欢你的宽容。

爱穿鲜艳衣服的人一般都比较热情,具有冒险精神,充满激情。跟这种人相处你就要大大咧咧一些。

喜欢浅色衣服的人,一般比较稳重深沉。你不要轻易地说些狂言大话,不然会被对方认定你比较浮躁。

有的人的衣服款式多得可以开时装店,有的人里里外外的衣服只有两套。变着花样穿衣服的人往往很虚荣,她们喜欢被人称赞。一个人的衣着不整,明显表示他对生活不太讲究。

2. 从衣服的颜色看他人的性格

喜欢穿红色衣服的人大多热情奔放,爱憎分明。红色本身就是带有强烈的刺激性,这类人富于生命力,做事主动积极,个性也活泼开朗,对事物的追求充满斗志。

喜欢穿灰色衣服的人做事小心谨慎,遇事总要三思而后行。这类人不喜欢交际,更不喜欢刺激,不喜欢受别人的干扰。愿意独居,并避免与别人深入接触。

喜欢穿紫色衣服的人感情敏感且细腻,多愁善感,喜欢追求神秘的人生

境界。这种人有着迷惑别人的高超本领。

喜欢穿蓝色衣服的人控制能力很强，能够保持平衡、沉着且安定的状态，安全感比较强。这种人给别人的可信度高，容易获得别人的信赖。

喜欢穿黄色衣服的人都有着自己的追求与向往，往往不满足于现状，心里总是有一股要摆脱困境与苦恼的欲望，对于自己的目标怀着一颗执著的心。这类人在人际关系中懂得洁身自爱，不喜欢盲目跟风去奉承别人。

衣着是一个人的外貌，更是一个人的内在反映。从他人的衣着认识一个人，了解别人的心理，根据别人的心理需求办事，成功必然早到一步！

通过利益辨识真假朋友

每个人都需要朋友，上至帝王将相，下至平民百姓。朋友是我们生命中不可缺少的一部分。

生活中，我们会接触到各式各样的人，朋友也是各式各样的，有真心朋友、知己朋友或利益朋友。因为类型不一，所以朋友二字也开始慢慢模糊起来。同学可以是朋友，同事可以是朋友，甚至商业伙伴也是朋友。有人认为交朋友一定要交对自己有利的朋友。其实正是在这种利益中，能更清楚衡量一个人的品质，衡量人与人之间的感情。看一个人如何对待朋友，就能解读他的为人。在朋友面前，能不顾自己的利益，才是真心朋友。

20 世纪 90 年代，有两个在乡村从小玩到大的年轻人一起去深圳闯荡。他们在工厂里上班两个多月，因老板拖欠工资而愤愤离开，两人身上的钱加起来不足 20 块，在天桥底下睡了半个多月，想着黑心的老板和当地人对外地

人的歧视，相拥而泣。正当两人准备次日上火车回农村时，夜里许多穿着军服的士兵稽赌，一声不吭向楼上冲。地下赌场里一阵喧哗、慌乱中，成千上万的钞票一瞬间从窗口飞下。两个人心里乐啊，想着老天爷终于开眼了。两人激动地把钱捡起后迅速离开，找了间便宜的旅馆住下了。甲捡了三万多块，乙才捡了几千块。甲本来想平分，反正是不劳而获的钱，但又想想发财就靠这次了，以后哪还有这样的机会。但又觉得乙的生活负担较重，父母都年迈，老婆怀了孩子还下地干活。想到这么多年的朋友，便拿出五千块钱给乙，并说旅店房钱都他出。之后两人便安心睡觉，打算明早天一亮就买票回家。等到半夜甲起来喝水，才发现身边的乙早已不见了，紧揣在兜里的钱也不翼而飞了。

这是个真实的故事，有的人一见到钱，一涉及利益就变得没心没肝了。这种朋友就是典型的可共难，不可同富贵的朋友。就像歌词一样："道义放两旁，把利字摆中间。"利益面前谁都心动，真正的情谊无法用金钱衡量，甲能把自己的利益分给乙一些，但乙不仅没有道义，连人情味都没有，与这样的人交朋友，只会是害己。

有一女孩暗恋的男孩喜欢上自己同一宿舍的其他女孩。她心生嫉恨，便时不时地在那位男孩面前搬弄女室友的是非，诸如那个室友不爱干净，人缘不好，而且睡觉打呼噜之类。其实这样的事情发生在谁身上可能都会内心不舒服，但只能怪自己的魅力指数不够，如果够洒脱，全身而退是最好的办法。无法成为情侣，便鼓动唇舌、搬弄是非，就显得心胸太狭隘了。

上述两种人，一个是见到利益后马上露出自己的贪婪；一个是自己处于不利条件下，立刻跳出来诋毁朋友。这样的人没有与人成为朋友的资格。

对待朋友要宽容，拥有宽容之心，你才能宽容别人。有的人愿意为朋友

牺牲利益，有的人愿意为利益牺牲朋友。哪些是值得深交的朋友？当然是那些不为名利所动，把友谊和感情放在首位的人。当然如果你想获得朋友的真情，那请务必和利益划开界限。

老板的各种情绪聪明应对

都说伴君如伴虎，老板就是老虎。怎样使老板龙颜大悦几乎是职场永远流行的话题。老板是职场上的领导者和决策者，他的心态变化难测是难免的。上午还豪情万丈，下午就谨小慎微，说不定今天时髦浪漫，明天又刁钻古板。当然不是老板的神经有问题，神经有问题的人当不了老板。老板大权在握，在公司里唯我独尊，因此下属要掌握面对老板的各种心态与情绪。

1. 应对老板的黑色情绪

学文秘专业的小敏最近心情不好，因为老板这段时间总在公司里大动肝火。原因是生产部最近质量严重下降，引来客户不断投诉。老板上午忙着给拜访的客户赔礼道歉，下午还要点头哈腰地领着客户参观整个工厂。待客户走后，老板召集所有生产部的管理人员开始痛骂，声音震动整个办公室。这天，投诉的客户刚走，老板阴着脸坐在办公室里，气还没消，总机通知小敏有客户投诉电话找老板，问要不要转过去。小敏觉得再转过去只能给老板带来更大的烦恼，于是自作主张，干脆说老板不在。客户被打发掉了，可是“叮铃铃”老板的手机响了，只听他嗯嗯哈哈地寒暄着，小敏心凉了半截，知道一定是刚刚那个客户打过来的。接完电话后，虽然老板没说什么，

但小敏一直都在忐忑不安中度过。到了晚上加班时，她决定向老板说明她的用意，但是这样去直接说不太好，便用发邮件的方式。她在邮件里解释了她是因为怕老板更怒，才对客户说老板不在的话。没过一分钟，就看到老板回复的邮件，写着："嗯，我都知道，谢谢你。"小敏长长地舒了口气。

老板的情绪需要我们去读懂，更需要我们去应对。当在周围一片黑暗的情况下，突然听到温暖的声音，谁心里都会充满暖意。其实你的细心，老板都看在眼里。当老板的不良情绪持续太久，我们不妨用关心去安慰他，帮他走出这种不良的情绪，相信他会被你感动的。

2. 应对老板的不耐烦

在公司里我们总是尽心尽力做好自己的事情，以讨得老板欢心。当你正喜悦地向老板汇报你立下的功劳时，老板却不耐烦地答道："嗯，我知道了。"不免让人倍感失落。或许老板是真的事情多，甚至有时候打个电话也会用不耐烦的态度。表功也要选对时间，上司对你表达的内容是不耐烦时，你是否确定他已经知道了你所汇报的内容。在他不耐烦的情况下，你不妨言简意赅，越简洁越好，甚至故意让内容有所保留，引起他的好奇心。

3. 应对老板的无喜无悲

为了在公司中树立威信，保持自己的领袖形象，老板一般不轻易在员工面前表现出自己的喜怒哀乐。这让许多员工都觉得这个老板很难接近，更无法亲近。为了保证工作质量，我们没有时间与老板时时沟通；也因为上下级的关系，使我们不便有过多的接触，只是把每天的工作报告交到秘书手中，自己也不知道做的好不好，或者哪里需要改善。如果你想升职，长期都处于这样的环境下，恐怕指望不大。无论在生活中还是工作上，我们与老板的接触都要适可而止，既不能太远，也不要太近，把握好一个适当的"度"最

重要。

阿贵在深圳一家工厂里做生产管理，半年内他连升两级，现在做到了生产主管的位置。他说，其实也没什么窍门，只要努力把工作做好，每天把工作报告多写几句话，随便写点什么都可以，让上司看到你的情绪。

以情绪来感染情绪，真不愧是一个聪明的好办法。当我们努力工作又碰到不动声色的老板时，不妨试试阿贵的办法。我们不仅要让老板看到你的能力，也要让老板看到你的内心。

公司是一个大家庭，需要我们认真去经营，相信老板会看到你的努力。老板也是人，也有情绪，他的情绪和常人一样丰富。这时候我们要认真地琢磨老板的情绪，更重要的是想出该怎样应对的妙策。要做到自如面对老板的各种情绪，不仅需要学会换位思考，还要有足够的细心和智慧。细心让你感化他人，智慧让你征服他人，这也是引起老板注意的关键一步。成功者本是志在必得，再加上几分的技巧，那才是堪称厉害的职场女性呢！

第03章

女人职场大显身手，眼明心亮跟对好上司

如果你上了一艘破船，无论你有多么的出色都无济于事，最后只能沉入水底。如果你选错了上司，你再有才华都将被埋没，最后只能落个“怀才不遇”的结局。选择好自己的领导与上司，关乎职场上能否顺风顺水。只有跟对老板，才能脱颖而出，才能让成功不再遥远。

懂得分辨各类型的上司并巧妙应对

男人都说，女人心海底针。如海底捞针那样，让男人无处捉摸。而职场中，老板的心也正如海底针，比女人心还难以捉摸。

身在职场，先要搞清楚老板的位置。老板就是公司里一言九鼎的那个人，整天被职员们围绕且琢磨着的大人物，掌握着你职位升迁与加薪奖励的权利。想得到老板的信任和器重，我们就要学会巧妙应对各种类型的老板。

1. 监控型

监控型的老板可谓职场中最多见的类型，员工们做点小动作就像老鼠躲着猫似的，用这种方式对待那些自觉的员工确实让人不舒服。每个人都讨厌自己的行为受到监视，而监控型老板总是在某个地方用着他那双火眼金睛看着我们。老板以为这样就能提升员工的工作效益，其实只会严重影响大家的心情。对待这样的老板我们可以严格按照他的安排去做，尽量在他的火眼金睛下面变得很匆忙，既然老板喜欢这样的员工，那我们何不也这样表现呢？当然私下里可以委婉地暗示员工们的不满。这样老板肯定会收敛一些，并且依然对你保持好感。

2. 固执型

固执型的老板对自己的领域一定相当了解，所以坚信他自己解决问题的每个方法。他觉得他就是公司的权威，说话与做事方法就像是圣旨，永远是对的。但是，人非圣贤，老板看待问题也不可能一看一个准，肯定会有看走眼的时候。这时候千万不要去与老板直接冲突，不然下一个被“炒鱿鱼”

的绝对是你。当然，我们可以先肯定老板决定的方法，等他龙颜渐喜时再从事情的表层说到根本，一步步将他所坚守的东西软化，然后达到你的目的。

3. 务实型

在职场中务实的老板很多，他们把公司的发展当成他们的生命，于是没日没夜地拼命工作。这样的老板是以工作效益来衡量员工的，并且他会觉得是他这么努力为员工们开创了一片天地，所以希望他手下的员工都像他一样能干。员工想引起老板的注意，必须要创下连老板都意想不到的业绩，这才会触动他的神经。例如，找一个只有你才能对付的客户或拉一笔老板都没有想到的订单，让老板对你另眼相看。

4. 傲慢型

傲慢大多表现在比较年轻的老板身上，他们大多年轻有为，思维活跃。不平凡的经历使他们自视甚高且桀骜不驯，对于别人的一些做法不屑一顾，谁叫人家能那么顺利地进入最高级的领导层呢？他们有很强的虚荣心，面对这样的老板，我们一定要赞赏，要知道他们对很多事情都不屑一顾，也包括你。赞赏是让他肯定我们的策略之一，当然赞赏必须适当，不能过多，过多的赞赏只能让他认为你永远在他之下。偶尔赞赏一次，会比天天赞赏的效果强十倍。

根据老板的类型对症下药，一步步获得老板的认同，才是你立足公司的上上策。

了解自己，知道最适合自己的老板是哪种

有的女人选择老板，有的女人被老板选择。有的女人受老板青睐，有的

女人被老板淘汰。在职场中,很多人为适应自己的顶头上司刻意改变自己,而最终结果只能失去自我。

每个人都有自己的性格,我们没必要委屈自己。聪明的女人懂得温柔含蓄,但也不会让自己委曲求全,要保持独立洒脱的个性。要知道,没什么力量能够改变你的本性。如果你觉得现在的上司不合适你,不妨弃暗投明。因为没有被缰绳圈住的野马才能跑得更快,寻找一个适合你的老板,才能在工作中获取更多成就。

合适你的上司,与你能产生默契;合适你的老板,与你能产生共鸣。想在这个公司站稳脚跟,一定要看看这个公司的老板适不适合你。

1. 信任你的老板

(1)信任你的品质。职场是复杂的,处理人际关系时不时会让人头痛,一不小心,便遭人排挤。我们无法预测别人对自己的意见,不管在哪里都无法避免被别人评价。若你特别优秀,总有一些无聊者喜欢说闲话,还有一些人爱打小报告。再英明的老板,若是身边谗言太多,他也会有糊涂的时候,所以要看老板对你的人格品质是否保持一种坚信的态度。

(2)信任你的能力。做事之前,我们要先赢得别人的信任,别人的信任是一种精神鼓励。既然老板请你来了,他必定要信得过你。在职场上,信任往往会给你带来机会,信任往往能创造奇迹。每个人都有自己的事业,无论大小,自己的老板,必须是自己事业进步与内心提升的桥梁。他不能给你鼓励,至少要对你信任。如果他做不到,你可以转身就走,因为那里没有值得你留下的理由。

2. 与已能产生共鸣的老板

作为要考核自己下属的老板,有时候会采用一种隐藏自己意图的管理

方式，这时就需要我们多花一点心思去领会，从而做出自己的判断，这样才有可能同上司达成某种共鸣。如果你与上司之间没有共鸣，哪怕你做得再好，他也会觉得理所当然，因为他付给你工资了。共同的生活理念往往能使两个人之间达到一定程度的共鸣。共鸣是感性的，它往往挑起两人之间的一些感情色彩。而这种情绪的发展会导致两者的精神互动，是拉近你与上司之间关系的关键，也是你事业成长的关键，甚至能将你们的关系从上下级变成朋友，到时候升职加薪不就是水到渠成了吗？

3. 欣赏你的老板

女人的魅力是让别人欣赏的，不懂欣赏你的人永远不要列入你的交际名单。不懂得欣赏你的老板，就算你战功赫赫，半个江山都是你打的，他也会觉得那是你应该做的。我们的能力价值将在他的面前变得廉价。当然要老板欣赏你，你必须要有被欣赏的价值。正如女人的美丽，是一道亮丽的风景线，每个女人都用不同的方式来呈现自己的美。

A 公司有位很厉害的女业务员，能说会道，聪慧过人。为公司带来了很大的效益，公司也很器重她。为此，经理奉命给她升职加薪，只是跟自己老板接触的机会还是较少。每次老板请客户吃饭，会叫上其他业务员，却特意把她落下。这让她觉得自己的能力被重视了，而自己的人并未受到重视，倍感失落。后来有一次酒会上，经理酒后失言，说老板不赞赏她过于开朗豪爽的性格与桌上豪饮的习惯。性格是很难改变的，没有人值得我们去遮掩自己的本色。她听后气坏了，几天之后毅然递上了辞职书。

被人重用，却不被人欣赏，女人你不要愤慨，总会找到会欣赏你的人。成功的事业离不开被人欣赏的目光，我们走的每一步都要留意是否有人正向你投来欣赏的目光。不然无论怎么努力，到头来只换得白干

一场。

作为女人,找一个适合自己的老板和找一个适合自己的丈夫一样重要。我们不能为别人而改变,我们只为自己而努力,为生活的改善,为事业的成功,在我们用心与命运拼搏,用智慧与人生交汇时,我们要学会选择。俗话说,良禽择木而栖,良臣择主而侍。找准适合自己的老板,在职场上,你离成功会越来越近。

寻找能够让你提升的老板

老板是公司的主心骨,是员工心里压秤的砣。好老板也是培训师,能培训出最出色的精英骨干。好的老板是挖掘机,能挖掘员工最深的潜能。在人与人的互动关系中,处于主导地位的上司对处于下属地位的员工的看法和期望,能直接影响下属的行为和心态。好的老板能巧妙地管理公司,还能在工作的积累中提升自己的涵养,从而影响自己的员工。

现在社会存在很多暴发户的老板,他们没有文化,更没修养。一说起话来就知道吼,根本不懂得如何去引导员工,在他们的世界里不存在这个意识。这样的老板不职业也不规范。在这样的老板的带领下,你永远也增长不了见识,长不出飞翔的羽翼。那么,怎样的老板能为你插上翅膀呢?

1. 你的老板是否放权

有些老板心细,事事都要过问,生怕你处理得不够完善,甚至一有时间就要自己操刀上阵。他永远抱着不信任的态度,即使自己已经忙得晕头转向了,也不忘过问你今天去跟客户谈话的内容。对于这种老板,你永远别想

在他手中获取更大的权力。而放权的老板，很多的事情都不会自己亲自去处理，可以大度地交给你，使你在一定制约机制下，尽可能地施展自己的才华和潜能，同时还可以有很大的自由度，安排自己的时间，给自己一个发挥的大舞台。授权也是一种领导方法和艺术。是提高工作效率的捷径，也是成为企业家的秘诀。

2. 你的老板是否有雄心

美国总统林肯说："喷泉的高度不会超过它的源头，一个人的成功绝不会超过自己的雄心。"有雄心的老板是我们学习的榜样，有雄心的老板必然上进，他的雄心能唤醒你的热情，而有雄心的老板必然容忍你的雄心。中庸的老板永远只给人一种平凡的感觉，在工作中永远激发不了你的激情，工作永远是那么死板。这不是成功老板的标准，只能让我们在一个模式里变得更愚忠。

3. 你的老板是否宽容

宽容是优秀老板必备的品德。在繁复的工作中，面对各方面的困扰和压力，总有些事情会考虑不周，因此干得不是很漂亮。如果遇到了小气的老板，定会大发牢骚甚至会大骂一场，使工作开展一直处于压力状态中，影响工作情绪。在这样的情况下，怎么将你的工作完美进行到底呢？宽容地对待下属是一种大度的表现，也是笼络人心的一种手段。它会将我们从压抑的工作中解放出来，并且感到愉悦与快乐。

4. 你的老板是否带有感情色彩

你的老板是否带有感情色彩，不苟言笑的老板比比皆是，他们是最具理性的人。他们的世界好像只有好与差，对与错，成功与失败，聪明和愚笨。跟这样的人相处，你会觉得没有情趣，他的理性渐渐逼退了你的感性。愉快

的工作不仅需要理性，还需要感性。一个老板不具备感情色彩，只会让下属感觉永无止境的压抑。笑是带感情色彩的词汇，哭更是具有感情色彩的词，所以哭比笑更难忘，感性成分较多的老板比理性成分较多的老板更加情趣，更易相处。

在如此残酷的竞争下，我们不惜代价而努力地追求人生的一个个目标与幸福。不要忘记幸福的路有时候是有捷径的，我们多掌握一些技巧，择好业且选好人，那么我们的成功势必会事半功倍。好的老板能领你走上成功之路，不好的老板只能带着你永远原地踏步。每个人都希望自己能攀登一个又一个的高峰，都希望自己的成就与自己的梦想一起驰骋。作为当今时代独立的女性，只有工作与事业才能完成你驰骋的梦想。而好的上司与老板，说不定就能带你走上那条飞跃的路。

借助上司之势开拓自己的天地

作为职场新鲜人，不管是在技术方面还是经验上面，水平远远在上司之下。我们的上司大多数也是饱受磨炼才达到目前的位置。上司身处高位，目光通常看得更远，所以他们的思想更稳重且成熟。

每个人身上都有自己的特长，也有着自己的不足。也就是说，合格的上司能让下属的特长发扬光大，也能让下属的不足慢慢改善。与上司相处不仅能使我们身上的毛病全部治愈，还能为我们的事业开阔一片新天地。

文娜大学毕业后工作不到半年就跳槽了，原因是她不想成为一个只干苦力的下属。文娜刚进那家公司时，觉得公司很有发展空间，可是工作不久

就发现她的上司总是工作很忙，对自己却不闻不问。她觉得文娜重要，但也只是帮她干苦力活的，相对于她自己而言，升职加薪与奉承老板那才是最重要的，稍微有点重要的事情都不会交给文娜做，都是由自己亲力亲为，而且很喜欢集权。上司还经常对文娜说，把属于下属的事情做好就好了，其他的事情不要操心。久而久之，文娜算是看出上司的心思了，作为新人，再这样下去自己不仅学不到东西，还白白把时间都浪费掉，于是毅然辞职不干了。

而她现在工作的男上司恰恰与之前那位上司相反，除了与客户沟通及与客户谈判时上司才会亲自出马，其他的大部分事都让文娜去布置和操作。她感觉虽然来这里才短短几个月时间，却学到许多东西。不光在处理文案方面，连与客户沟通方面的技巧都从上司那里学到了不少，在各个方面都提升得非常快，现在业务经理都想把她挖过去做助理。

确实，好的下属是由上司调教出来的，下属的路是上司铺出来的。若像文娜的第一位上司那样，她根本学不到东西，上司什么事情都全包揽了，剩下的只有一些跑腿活留给文娜，这确实是在浪费自己的潜能和时间。能为下属开拓一片天地的上司，会使下属从工作中学到更多的东西。一个真正想在职场上打拼的人，不会计较自己的工作量是不是过多，从中能学到经验与东西才是最重要的。

上司的眼光往往比较高远，而真正对自己有帮助的上司会把所看到的东西与下属分享并讨论，这样下属才能从中发现一片广阔的天地，才能掌握全新的知识，感受到工作中不一样的精彩。

小维因为家里穷，高中没毕业就辍学了。在父亲的介绍下，她来到了一家模具公司做学徒。教他的是一位四十多岁的男人，小维礼貌地称他夏师傅。夏师傅在这家模具厂做了七八年了，不仅有着过硬的专业知识，并且对

待小维特别好，每次她不懂的地方总是会细心清楚地教她好几遍，并且经常把一些小维还没有涉及的模具知识交给她，小维也特感激。因为小维勤奋好学，夏师傅觉得年轻人就该拥有自己的发展空间，于是就向领导推荐把小维调到研发部去，从此小维的技术提升得更快了。经过两年的努力，小维已经成了研发部的骨干，很多高难度的活儿都能接下来。几年下来，她已经买了几台模具机器自己做了，挣的钱还不少，现在正准备扩大规模。她很感慨地说，“是夏师傅为我打开了一条路，才让我看到了未来更广阔的世界。”

这样的上司就属于能为下属开阔另一片天空的好上司，他能在工作中给予下属一些宝贵的技术经验，更能通过工作给予下属一些人生上的启迪。

公司就是一个练兵场，好的上司就是一个好的教练，也是一位好的培训师。好的上司不仅能在技术与经验上磨砺下属，更能在工作中激发下属的潜能，使下属创造更高的工作效率。只有在这样的磨砺中，我们才能实现自己的最大价值。

做一个懂得秀出自己的聪明女人

职场似海，鱼类太多，纷繁复杂。所谓适者生存，生存才是硬道理。在瞬息万变的职场里，老板总是在用他的火眼金睛注视着公司里的每个人，寻找着他需要的有用之才或可塑之才。在如此庞大的人群里，好酒也怕巷子深。有思想的女人不仅要努力地做事，还要学会聪明地做事，用特别的方式使自己脱颖而出，从而展现个人魅力。

厉害的角色太多，老板的眼睛当然会应接不暇。要懂得主动争取，而且

要懂得在合适的时间秀出自己，让老板看到自己的价值。不放过每次机会，将自己的才能与特点恰到好处地展现出来。

有的人只是在工作中默默无闻，踏实地做着分内的工作，希望有朝一日能被老板看到自己的认真与勤奋，从而让他来关注你并提携你。这种被动的等待只能让人永远生活在无望的天空里，不知每天有多少事情等待老板处理，多少事情等着他决策，他没有时间去注意你的勤奋，想要让他真正关注你该等到何时？

东莞一家港资企业，拥有员工七千多人，其中有一半以上的员工都没有见过自己的老板。公司里有一个前台叫陈瑾，大学毕业，漂亮且声音柔美，但总感觉被人压抑排挤。虽然前台文员是代表公司的文化内涵和形象，可她来这里半年了，居然还没和老板说过一句话。老板来公司，每次都是带着客户从写字楼的门口进来，匆匆忙忙地走过，谁会关注一个小文员呢？人家都说空间小才无法发展自己，她却是因为地儿大而无法施展自己。于是准备辞职不干了。

就在她准备辞职的日子里，刚好赶上中秋节，公司准备规划晚会节目。她心里琢磨，这可是个好机会，文艺晚会上肯定所有领导上司都在场，这可是个表现的好机会。可是她唱歌不出众，跳舞也不专业。她又想，何不利用自己的文学与普通话特长在晚会上做次演讲呢，那也算个节目。于是在距离晚会还有半个月时，她就开始精心打造她的演讲词。果然不出所料，中秋晚会上，在月亮最美的那个夜晚，她用满身洋溢的才情和女性柔美的嗓音，博得了一阵又一阵的掌声。月亮美，人更美，晚会上留下了她美丽的倩影。

她一连几天都沉浸在骄傲的喜悦中。过了几天，老板又从写字楼门口进来，这次他并没有带客户，更没有匆匆忙忙，而是走到前台与陈瑾聊了起

来。老板说,因为公司的中层与高层干部大多是香港人,普通话讲得不标准,与外界关系难免会受到影响。听了那天晚上她的演讲,想请她在公司开一个培训普通话的课程,并且给她开了高薪。

这是一场多么华丽的作秀,就这样秀出了似锦前程。千里马常有,而伯乐不常有。何况世上那么多千里马,等待别人来发现你,那是相当困难的,甚至有时是完全没希望的。聪明的女人会主动出击,在别人面前展现自己的亮点,从而获取他人的关注与欣赏。陈瑾就是这样主动出击,抓住了老板的目光,吸引了老板的心。

你想拥有一份出彩的事业,那么你必定要有出彩的决心,努力的工作固然重要,但技巧更重要。我们不要做职场死死板板的上班奴,我们的地位和薪水,一切在老板那里操控。他操控,我们就未必不能掌控,所以首先要做的是必须引起上司的关注。抓住适当的时机,在适当的场合,秀出最有魅力的你,这是帮助你在职场上获胜的绝妙决策。

做一个让老板信任的有心人

女人们每天为了工作而奔波,有人在职场上一路春风得意,而有人总是身心疲累且郁郁寡欢。在上学时,我们的老师们总在不断强调,技术学精点,实力牢靠点。当我们拥有了技术与实力,走出学校面向职场时,我们发现才学固然重要,但我们的为人处世更为重要。

很多人拥有很强的实力,却始终没有得到老板的重用,这其中关键就是老板还不信任你。也有学历并不高,经验也不是很丰富的人,他们同样可以

在公司里当高管，拿高薪，有时候还陪着老板喝喝小酒，唱唱KTV，正是人生所谓的一路春风得意。这样的人，或许并不像我们想象的拥有雄厚的实力与丰富的经验，却因为老板的信任，而获得事业上的成功。

没有人不喜欢被人信任，也没有人不厌恶被人质疑。在职场上，人们最得意谁的信任？最懊恼谁的质疑？当然是老板了。老板是掌握职场命运的关键人物，是取得成功的决定性人物。老板的信任有时候并不容易获得，需要方法和技巧。主要的方法和技巧总结如下：

1. 展示自己的才华

想要获取上司或老板的信任，第一道门槛是自己的办事能力与才华。没有足够的办事能力与才华，即使有再好的处世技巧，也获取不了老板的肯定。即使你拥有旷世才华与高超的办事能力，但不适当地展现，那么你的光点被覆盖的可能性就比较大。毕竟老板没有那么多的时间，天天研究他手下到底有多少匹千里马。是千里马，就要从马堆里驰骋出来，让自己脱颖而出，从而博得老板的青睐。

2. 投其所好

对老板投其所好，使老板对你的印象有所改变，这种方法不仅适合工作中，也适合在生活和娱乐中。有些人就经常会好好利用这一点，知道老板爱好什么，喜欢怎么样的行事方式，然后再去按照他喜欢的方式去做。也可以借出差之际，给老板或上司带点跨省的小礼品。这样的做法并不是邀功献媚，而是与老板之间拉近距离。只要有了亲近之感，老板才有可能对你放心。

3. 及时汇报情况

按照自己规划的时间主动地向老板汇报自己的工作情况。在汇报工作

的情况下，千万不能有点鸡毛蒜皮的小事就汇报，这样会让老板觉得你没有多强的工作能力，不能独当一面。也不能相隔很久才汇报工作情况，不然等到老板亲自问你了，情况就很糟糕了。汇报情况时要掌握一定的技巧，你的工作汇报一定要让他觉得你是在帮他做事，而不是感觉你拿了他的工资就应该做这些事。当然汇报工作与信息时，看准时机，也可以让你事半功倍。

4. 与老板站在一条线上

不管是从生计的角度还是职业素质，都必须选择与老板站在同一立场。作为老板，他们每天要扮演不同的角色，而老板所面对的人往往也是不一样的，有不同的客户，还有一大群员工。客户往往是与老板对立的，员工也往往是与老板对立的。与老板站在同一边，永远让老板觉得，你们是同一战线，从而提高老板对你的信任度。

信任是双方的，职场上不能只是一味地想怎样才能博取老板的信任。让他真正地信任你，首先必须让他感觉你很信任他。信任是相互的，只有双方感觉彼此的信任，才能增强彼此的信任度。

当然在努力的同时，不要忘记，想获得老板长久的信任，那是需要实力与耐心的。每个老板都喜欢勤劳肯干的员工，踏踏实实地把每日的工作做好，但一定记得在默默无闻的工作同时，也不要忘记在适当的时候展现自己。世间的确有投机取巧的事情，但也是有限度的，只要你愿意为别人付出，那么别人就愿意为你付出。就像获取老板的信任一样，你不能把做秀当做自己的诀窍，而需要你将内心最真诚的想法表露出来，而这种表达恰是平日工作中用真诚提炼出来的。

身心疲惫地在职场上奔波时，老板一个信任的眼神，可以给你的工作带来愉悦与激情，那么何不用些技巧，让老板信任你呢？

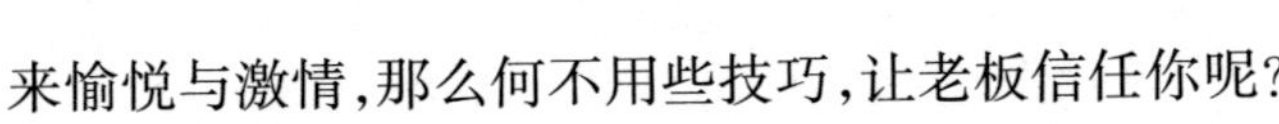

不惧怕对手强大，他会让你更坚强

埃德蒙·伯克说，同我们决斗的对手强健了我们的筋骨，提高了我们的技巧，我们的对手就是我们的帮手。一个男人的身价要看他的对手，一个女人的身价同样要看她的对手。

对手给我们带来了压力，也给我们带来了动力。没有阴影的青春是残缺的，正如没有对手的人生是苍白无力的。强大的对手给你带来强大的动力，只有在一次次惊险刺激的较量中，我们才能慢慢品味和咀嚼人生。只有在痛苦的磨砺中，人的意志与能力才能得到升华。对手也是尺量，能量出我们的长短，使我们能正视自己的长处与短处，就像在我们心中又添加了一盏明灯。对手更是资本，使我们凝聚了不断进取的信心和永不退却的精神。

一个农民在农场里养了一群羊，洁白可爱，茁壮成长。突然有一天，山外来了一只狼，经常到农场里叼羊。农夫生气极了，不仅把羊圈修整了一番，还非要抓获那只狼不可。终于狼被抓着了，老农再也不用担心羊被狼叼走了。可一段时间后，羊圈里的羊开始一只只得瘟疫，不管怎么想办法都不能制止这场瘟疫的蔓延。这可把老农急坏了，他匆匆地进城请来了兽医。兽医确诊后，对他说："你去山里捉几只狼来吧。"农夫半信半疑捕了一只狼囚禁在羊圈的对面，羊群吓得到处奔跑，但个个精神抖擞。就这么放了十来天。农夫看着小羊们都在羊圈里活蹦乱跳的，瘟疫不再发生了，才把狼赶上

山去。

这是一个值得深思的故事，如果农夫没有把狼请来，羊群会继续因为感染瘟疫。其实人也是这样，在平静且没有竞争的生活中，我们只能默默无闻地活着，那样只能使人弱化，甚至变得愚蠢。就如羊永远不知道山外的狼能使自己身体强健一样。而人的对手能攻克我们的心理障碍，在我们不知不觉中，让我们学会了忍耐与承受，使我们的生活充满阳光。就如大作家卡夫卡说，真正的对手会给你勇气。

都说山要爬最高的，海要游最宽的。高山让人充满激情，宽海让人充满幻想，它能在脑海里激发我们的幻想及战胜困难的欲望。成功者能够微笑地拥抱敌人，再展开一次强劲的比拼。没有对手，就体现不出我们的价值。水往低处流，人往高处走，就是这样道理。水低为海，人高为王。如果一个人总是寻找比他弱小的对手去比拼，这种比拼只能满足自己心中那份小小的虚荣，这种比拼也将变得毫无意义，它不仅不能使我们从过程中变得强大，反而使我们变得更弱了。古往今来，真正的杰出人物都是在与强劲的对手较量和打拼时出现的。

看准对手很重要，我们的对手一定要在自己能力之上，不然你会感到没有激情，更吸取不到东西，会让你索然无味。人们都希望别人能拿自己与较强的人物相比较，即便你没有这个实力，你还会越战越勇。

生存本来就是快乐与痛苦并存，孟子说："天将降大任于斯人也，必先苦其心志，劳其筋骨，饿其体肤。"慢慢人生路上，只有经历诸多不便与坎坷，才能知道喜悦来之不易，只有战胜了强大的对手，才能明白成功的意义。

一个人的对手决定了一个人的高度，我们努力攀登的高度就是我们需要的对手。在成功的路上，给我们攀登的高度设定一个点，只有不断地承受

这个点的激励和冲击，我们才能达成想要的那个高度。

原本我们是在人生的路上漫步，对手的出现让我们不由得加快了前进的脚步。在我们迷茫时给了我们明确目标，在我们深陷疲惫时给了我们斗志昂扬的勇气。

女人想在职场上获得成功，要合理地选择你各个阶段的对手。把她或他当做自己超越的目标，在经历了一次次战败的挫折和成功的喜悦后，你会在这条路上驰骋甚远。

第04章

多与优秀的人亲近，让自己也成为优秀的一员

俗话说“近朱者赤近墨者黑”，一个聪明的女人整天和傻瓜们一起吃吃喝喝，也会受到傻瓜的影响，变得心思蠢钝起来；而傻瓜和智者共同生活，也会受到智者的启迪，从而变得聪慧。一个女人选择与怎样的人为伍，决定了她将来是变得更优秀还是止步不前，甚至不进反退，究竟女人该结交怎样的朋友呢，来看看本章的内容。

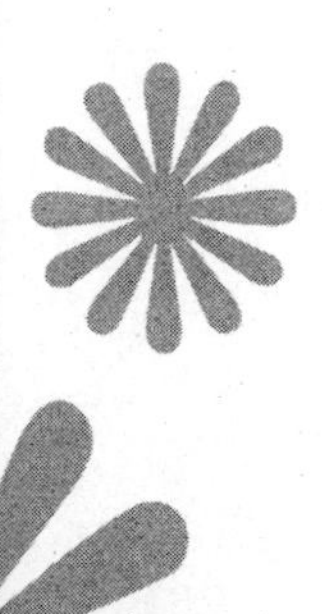

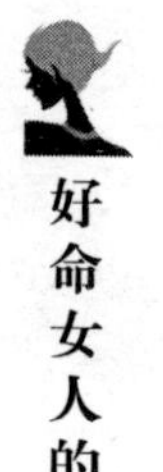

与优雅的女人交往，你也会变得优雅

漂亮的女人如姹紫嫣红的花朵，使人大饱眼福；而优雅的女人则像一朵高贵的花卉，只要闭上眼睛，静静地呼吸，你就能感觉到她的美丽。漂亮的女人养眼，优雅的女人养心。容貌美丽的女人不一定优雅，但优雅的女人必定美丽。

优雅的女人在职场上或许不是薪水最高的，但气质是最好的；优雅的女人在职场上或许不算最干练的，但她的韵味却是最好的。优雅不可以模仿，但可以熏陶。我们要使自己的魅力有所提升，只有多跟优雅的女人在一起，让她们的神韵气息感染你。

生活赋予女人很多精彩，我们要在精彩的生活中活出自己的姿态。唯有优雅，才是女性世界中最崇高的境界，它是女性表现的风度和举止，是个性的、简洁的与祥和的知性美，是应对生活不同状况反映出的智慧。

我们的生活中有形形色色的女人，美丽可谓成千上万种。唯独优雅的美才最让人沉醉。经常与优雅的女人在一起，她身上自然而然散发出吸引你的魅力，她们的言谈举止会在不经意间感染你。环境的气氛是改变一个人的根本因素，长时间与优雅的女人在一起，你就会变得优雅。若是与一群大大咧咧且随便的女人在一起，你的魅力也会为之消失，因而也变得很随便。

在职场上，很多女人为了工作和家庭赶时间，而把自己搞得风风火火，甚至不修边幅，这种女人永远与优雅搭不上边。有的女人喜欢赶时髦，甚至

不合年龄的衣服也穿上身，三四十岁的女人穿着一套娃娃裙在街上大有人在。有的女人喜欢浓妆艳抹，非得把自己弄得像花旦名角，这样的女人也跟优雅没有关系。优雅女人的穿着不张扬，但却有格调，能令人在简约的格调中捕捉到高贵的气息。

优雅的女人爱读书，她们看《围城》与《简·爱》，也看《才子佳人传》与《山楂树之恋》，她们会为李煜与大周后的爱情叹息，为老三与静秋的爱情而惋惜。不看书的女人，永远不懂生活的真谛是什么。漂亮而不读书的女人无法优雅，胸无点墨往往伴随着俗气和无知，而且带有几分的固执。

优雅的女人懂得享受生活，一棒野花也能把家布置得一派春意盎然。一朵白云会让她泛起幻想，一轮夕阳能使她感叹时光的飞逝。如果说女人是水，优雅的女人就是能穿石的那滴水，让人感觉到她彻骨的冰凉与风韵。

音乐能提升你的品位，读书可开阔你的视野，丰富你的智慧，和书籍为伍就是和优雅为伍。无知的美在外表，气质的美在内心，而真正能在人心中留下烙印的美，永远是清晰淡雅的美。女人一生最重要的，是要活得高贵优雅，或许上天不曾给我们倾国倾城的容颜，也没有赐予我们多少的物质，不一定要有锦衣玉食或名车豪宅，这些并不妨碍我们做一个优雅的女人，淡然一些足矣。

多和优雅的女人在一起，会让你慢慢看懂生活、体会生活；让你享受到生活带来的幸福。

多和优雅的女人在一起，会先让你慢慢品尝优雅之道。日子久了，你就会慢慢领悟，等你领悟透了，优雅自然而然就贯穿你生活的 24 小时了。

与女强人相处，潜移默化提升自己的气场

俗话说："没有金刚钻，不揽瓷器活。"没有相对的能力，就不能承担相应的责任，这话让成绩平平的女人有些失落。所谓女强人就是做普通女人做不到的事，说别的女人不会说的话。

有些女孩梦想着长大后自己当一名英姿飒爽的女兵，穿着一身军装，带着美丽的军帽，站在人群中是多么的与众不同。电影里面那些女星穿漂亮军装的场面，姿势与风度，处处体现着干练女人的风范。

而职场上的女强人无论与人相处，还是处理商业事务，她们都是身经百战的女战士，对于商场上的各种攻势都知道该如何圆满地解决。就如进行很重要的谈判，她们知道运用什么样的开场白，运用什么样的收尾才算完美，从而来获得自己心中想要的效果。

漂亮而嗲声嗲气的女人只能做花瓶，不漂亮也不乖巧的女人连花瓶都做不成。当芳华不再，花瓶失去了吸引，女人的价值几乎已为廉价，所以作为女人还是要多一些本领才是最重要的。有本领的人虽说不一定能成功，但没有本领的人一定无法成功。现代女性似乎都明白这个道理，个个都在职场上拼搏。想让自己有更强的本领，女人就应该多向女强人学习。

能成为强中手的女人，此人一定不简单。与这样的女人相处，必定也能让你收获"不简单"。从各种角度来看，女强人肯定有比我们强很多的地方。多与女强人在一起，学习她们的为人处世，吸收她们的精明与干练，然后在自己的工作中体现出来，这就是本领。

凯莉的叔叔与婶婶几年前就离异了，那时凯莉还在上高中。从那以后婶婶便做起了上班族。虽然凯莉的婶婶与叔叔结婚后，做了几年的家庭主妇，但她结婚前曾在大公司里工作过，并且工作非常出色，若不是为了婚姻，她是不会辞职的。很快婶婶就恢复了结婚前的工作状态，再加上这么多年的生活历练，更让她懂得与人该如何进行相处。不久，她便成为公司的销售副总监，没过两年就买了车，还准备在市区买一套房。凯莉是在婶婶工作的市区上大学，所以两人经常见面。从婶婶身上，她真正领略到女强人风范。毕业后，她不顾家人的反对，进了婶婶现在工作的那家公司，做了婶婶的下属，学习和感受婶婶的女强人风格和技巧。毕业不到两年，凯莉完全脱离了刚刚毕业时的青涩，不管是工作上还是在性格中，渐渐地表现出一种成功人士的机警和果敢。不仅上司婶婶喜欢她，也被公司的老板看中了。没过多久，婶婶因为事出有因辞去了工作，老板自然而然地提升凯莉做了婶婶的职位。就如她说的，跟女强人在一起，可以熏陶出另一个女强人。

与高人为舞，才能舞出高人。其实不用放眼，只要转身，我们的职场中就有很多职场女强人，她们的经验比我们丰富，她们的技巧比我们纯熟，从很多方面来说，她们的水平都比我们略胜一筹。她们就如一本书，身上的很多地方都值得我们学习。成功有成功之道，强人有强人之因，我们身边若是有这么一个女强人，就等于提供让我们学会变强大的一本说明书。只要你愿意翻开，绝对有想不到的惊喜。

探索未知的世界，要有一颗敢于发掘的心，想要成为一个聪明的人，就该向聪明的人学习，我们的强大也是在不断地学习中得到提升的。上学时，我们只知道学校才有课堂，而进入社会后，就该懂得其实人生处处是课堂。一个把人生当成课堂的女人，内心与骨子里一定是强大的。

与成功者靠得越近，你离成功也就越近

每个人都期待成功，渴望成功。整天都做着关于成功的梦，它却总姗姗来迟，似乎成功都只能仰望，触手不可及。一个人的成功被赋予了相应的社会地位、财产，甚至名誉，使人生活在被敬仰和羡慕中。要做一名成功者难，因为外界的因素，想做一名成功的女人更难。

著名讲师陈安之说，先为成功的人工作，再与成功的人合作，最后是让成功的人为你工作。世界上成功的人很多，但是在我们生活中却为数不多。为什么学子们个个都想考名校，个个都想拜名师，不就是想靠成功近一点吗？美国作家马克·吐温说："那些真正伟大的人会使你觉得你也可以变得伟大。如果你要成功，少接触小人，多与成功的人在一起。"是的，我们成功的每一个脚步都少不了成功人士的提携，成功人士不仅能赋予你智慧，还能赋予你机遇。

靠近成功者，才会知道成功的道理是如何得来，成功的道路该如何行走。他们的思想，他们的风范，他们的处世方式，其中的智慧与奥妙，我们若不亲身接触，怎么能了解？

吴玉大学毕业时，许多同学都为了工作都提前离开学校。吴玉和室友却好像还不着急，星期天两人跑到市区繁华的地段逛了一圈，才慢悠悠地挤上公交车。吴玉身边坐着一位很阔气的半百老人，看起来很慈善且有教养，还有一点谦谦君子之风。室友给他让座并与他攀谈起来，原来这个老人是香港一家集团的老总，因为这趟公交车的公司承包者就是他，所以他经常出

门不开车而坐这趟公交车。在车上整整1小时，他们俩的话题就没有间断过，最后居然还相互留下了电话号码。这简直不可思议，又不得不佩服那位室友的口才和勇气。车到站台后，司机尊敬地目送着这位老总下车，一举一动已经证实了老总身份的真实性。事后，每逢遇到节日，吴玉室友都会给这位老总发上一条祝福短信。半年后，由于工作不好找，那位老总将她安排到自己的公司上班，不到一年的时间她已经是董事长特助了。

每次在工作中受到挫折时，吴玉总在回忆这个1小时的故事。成功者对平凡人士太重要了，有时候生命中能遇到一位成功人士就可能让你腾飞了，只看我们如何看待，如何去把握。

普普通通的人在普普通通的人堆里，碰到一两名成功或不平凡的人是机遇，并不是每个人都经常有这样的机遇。幸运降临时需要我们用智慧和勇气抓住它。当幸运和机遇与我们只有一步之遥时，往往也就是成功与失败的一步之差。

爱与成功的人在一起并不是势利眼，这只是让人获得成功的一条捷径，或许是一座桥梁，又或许是一条地铁，为了能快速到达彼岸，我们当然要毫不犹豫地踏上前去。

俗话说：挨金似金，挨玉似玉，挨着木匠会拉锯。不是不赞成和平凡的人在一起，世间每个人都值得我们尊重和学习。只是在成功的这条路上，在这个竞争如此激烈的时代，想要成功，是要我们不断地修炼和提升的。我们要忙着学习技巧、修炼内涵、锻炼毅力及寻找机遇，现实的脚步不允许我们有所停滞。

平庸与成功是两种模式，就是平庸与成功两种人造成的。我们总是为不甘于平庸挣扎，如果想成功，只有自己先丢掉平庸的心态，再让激情上进

的心态取代平庸的心态，让成功的人群取代平庸的人群，相信你再也不会在之前的状况下驻足太久。与高人为伍，我们才能攀登高峰。亿万富翁的朋友，通常也是亿万富翁，你若做了亿万富翁的朋友，亿万之财不会离你太远，成功更不会离你太远。

和优秀的人在一起，才能做出更多优秀的事

古希腊有一句话，“谁喜欢什么样的朋友，谁就是什么样的人。”

先审视你的交际圈，有多少人比你优秀，又有多少人比你差。如果你周围都是些比你优秀的人，那么你正在向优秀挺进。如果你周围都是些比你还差的人，那你的状态似乎有些不妙。

每个人的身边都不乏朋友，没有朋友的人是孤立无助的。你身边的朋友往往会影响你品行，影响你的人生道路。

人的思想与思想之间，心灵与心灵之间，有一种无法切断的感应力量，它无时无刻不在左右你的举止、言论及心态。这种力量促使我们与优秀的人打交道，自己不知不觉中优秀起来；和各方面比自己还差的人在一起，你可能会受这些人的影响。都说世间有两大幸事，一是读好书，二是交高人。读好书很重要，它至今都成为文明发展的第一大战略。那交高人呢，如果说读书是社会文明发展的一大战略，那么交高人就是引导每个人走向成功的一大战略。

很多人喜欢和比自己差的人交往，从而在这群人中找到优越感。但是和水准平平的人在一起，明显提高不了自己。而优秀的朋友不仅能提高我

们的素质，而且能丰富我们的内心。找到了优秀的朋友就像找到了迈向成功的催化剂。与优秀的人交往，是搭建你事业成功的桥梁，他们会在不知不觉间使你增添智慧，给你更深厚的底蕴，给我们开阔的人生扩宽视野。就如站在冠军的旁边，冠军的光芒也会照耀着你，使你容光焕发。

俗话说，“积极的人像太阳，照到哪里哪里亮；消极的人像月亮，初一十五不一样。”我们要想亮，必须跟着积极的人走。

汉高祖刘邦年轻时不务正事，喜欢饮酒作乐，甚至还整天带着一群混混在大街上瞎逛，行为作风十分不良。后来因为人缘好，混了个亭长当。当了亭长还是死性不改，看到穿红着绿的秀女还垂涎欲滴。

这么低级的人物，怎能成为国家的开国之君？

刘邦当了亭长后没多久，秦朝就开始动乱，刘邦率领的农民起义能成功，并与楚霸王一比高下，都与刘邦身边的重要人物张良、萧何及韩信等息息相关。这些人的身上都具有杰出人物的特征，想必刘邦也是学到了不少，不然怎么写得出“大风起兮云飞扬，威加海内兮归故乡，安得猛士兮守四方”这样的诗句。正是有了这些优秀人物的出谋划策，刘邦才得以得天下。

我们不是伟人，更做不了开国之君，我们只需在优秀的人身上吸取一些东西来充实自己，多学习别人的优秀之处就可以了。天天与这样的人在一起，你自然而然会被熏陶，自然而然被感染。与优秀的人为伍，我们不能马上成功，但我们会离成功更近。

在紧张的办公室里，你或许看不到综合素质特别优秀的人，但这要我们虚心地发掘。例如，一个女人身上的韵味，一个男同事的上进，上司身上的智慧等。每个人身上都有优点，别人的闪光点照在自己的身上，日子久了，总有一天你也会亮起来。

与优秀的人在一起，就像是借人之智，成就自己；与庸俗的人在一起，自己就不会有进步。在我们无法预知生命路上的成功与衰败时，何不好好把握机遇，让你生命中每一个优秀的人都能为你搭桥铺路。等你自己优秀的那一天，你会发现，其实你正在吸引着更多优秀的人，理想和事业的成功，那不是水到渠成了吗？

与富有的人相处，你会学到富人的思路

当今时代有钱人拥有的不只是钱，他们拥有资金、人脉和信息，所以他们的财富以滚动的方式迅速积累。而穷人的交际圈大多只是穷人，他们的思维永远是穷人的思维。

每个穷人都想做富人，但如果没钱的人还要排斥有钱的人，那么你将永远是穷人。没有钱的人不跟有钱的人在一起，就得不到赚钱的信息。有钱人的资金多，有钱人的朋友也多，各方面的资讯当然就多了。我们若是远离有钱人就是在远离赚大钱的机遇，当别人赚大钱时，你还在数着手中的文件夹。

一个来自农村的年轻人，没有高学历，没有优越的家庭背景，一直在省城的一家娱乐场里打工。那家娱乐场里来的都是一些有钱的大老板，有钱人向来爱跟别人谈见识，爱跟别人讲排场。这位年轻人就想，他们一顿餐费就足够自己一个月的工资，渐渐的，他开始和那些有钱人慢慢搭讪并聊天。后来和那些有钱人混熟了，才发现有钱人与穷人的最大区别是，穷人是用体力赚钱，而有钱人是用大脑赚钱。他们通过各种途径获取更多信息，有时候

甚至动都不动一下，只是调配资金，一下子就赚好几万。于是他与那些有钱人接触愈发频繁了。没过多久，一次一位有钱人在与年轻人聊天时透露揽了一个工程资金却周转不过来时，年轻人确认此事后，表示自己愿意入股，哪怕一点点也可以。那个有钱人说："行啊！小伙子。"年轻人立刻回家筹足几万块钱，进行了人生中第一次投资。没想到这次投资虽小，但半年的时间却赚了好几万，足足超过他两年的工资。有了第一次经历，他与一些有钱人走得更近了。在一次次小小的投资中，他的资产没两年就过百万了。

从这年轻人的经历中，我们可以看到几点很重要的东西。首先，学会了富人发财的方法，走进富人赚钱的思维模式里。其次，跟有钱人在一起遇到了良好的机遇。人家说，机遇是可遇而不可求的。再次，就是信息。信息是我们赚大钱必须通过的第一个门槛。你没有信息，就等于没有路，你没有路子去哪里赚钱？这三点都是这位年轻人得到的最佳财富，所以他成功了。

有钱人的路子多，有钱人的眼界广，有钱人的思维活。这些都是穷人身上不具备的，这就是穷人与富人的差距。与有钱人在一起，才能真正实现你的"阔佬"梦。

当然，对于一个有钱人来说，不管他的出身高贵还是贫寒，既然他能赢得财富，那他就是不简单，至少在某些方面超越了一般人。他们身上有很多值得我们学习的地方。你想成功致富成为一个富人，你想要改变自己的观念和心态，就一定要向有钱人学习。

另外，有钱人在生活中的小细节同样也值得我们借鉴，他们与穷人有着不一样的价值观。他们会利用一些技巧来拓展自己的商业机会，而这些小技巧与秘诀都是我们不知道的。学习他们的方法，了解他们的思维，你身上才能渐渐地散发出有钱人的味道。就像有句话，你在富人堆里站一会，你就

能闻到富人的气息。

大多数时候财富是与智慧并行的。有钱人拥有经营的智慧。如果我们的身边都是穷人，就会阻碍你快速成为有钱人的脚步。大多数穷人的思维不够开阔，同样一个东西，在穷人与富人的眼里有时是两种形态。在穷人眼里或许只是个实用的东西，而在富人眼里，其中就可能蕴藏着赚钱的商机。我们要赚钱，就应该学习富人的思维方式。要想成为有钱人，你必须跟有钱人在一起，闻到他们的气息，透视他们的一招一式，从而学会他们的成功秘诀。

与知识渊博的人交谈让你大开眼界

什么是知识渊博的人？是上知天文，下知地理，无所不通的人？在当今多元化的时代，社会要求人们要懂的知识远远比诸葛亮时代多得多。不懂得当今时代不断发展更新的知识，就很难进入时代发展的轨道。天外有天，人外有人。生活中学富五车的人并不罕见，或许他们没有诸葛孔明那么英明，但绝对不比诸葛孔明懂的知识少。他们知道的东西往往是我们没有听说过的，与这样的人接触，无疑是打开了一本开阔视野的智慧书。

这是一个充满知识的世界，如果我们遨游在知识的海洋里而不懂得，又何谈运用？有很多人都怀着一颗雄心在生活中闯荡，可是因为脑袋里的知识量不够，而感觉心有余而力不足。俗话说："根深才能叶茂，深水才能负舟。"就如你想把某件事情做得完美，那你不仅要掌握分内的知识，还要对外扩展贯通。一个没文化的工匠和一个有文化的工匠做出来茶杯绝对是不一

样的。没有文化的工匠只关心茶杯的结构和质量，大不了再修饰一下外观；而有文化的工匠不仅会在结构与外观上力求完美，更懂得从审美的角度出发，力求精致而有品位。这就是为什么现在的东西越来越精致，时代的进步使人类触及的知识在不断增多，人类的发展正是因为知识的发展和更新，才能不断提高。

每个人的条件都不一样，每个人的经历阅历也不相同。有的人脑袋空空，有的人学富五车。一个脑袋空空的人自然干不了大事，能成功者的脑袋里，绝对具备丰厚的阅历和宽广的知识面。与知识面宽广的人在一起，可以丰富我们的阅历和知识，对我们的发展产生不可估量的重要作用。为什么那么多人愿意跟随孔子？为什么那么多人愿意拜苏格拉底为师？相信那些拜孔子为师和拼命想接近苏格拉底的人正是被他们的思想所吸引，希望接近智者，也能提升自己。

马戈曾说："多则价廉，万物皆然，唯独知识例外。知识越丰富，则价值就越昂贵。"与知识渊博的人在一起，通过我们与他们的接触中，能够获取更多的知识与信息。不要因为一心一意忙于技术学习和工作实践，而忽略了另一片更广阔的世界。多与这样的人打交道，从他们的谈话中得到提高，他们渊博的知识值得我们去了解和挖掘，这正是为我们追求事业的道路储备一些粮食。一个人即便有足够的金钱投资，却没有足够的知识与智慧，他也只能一筹莫展。只有内心沉淀了足够的知识，看待世事的眼光才能更开阔，这也是那些学富五车者的人生优势。

作为女人，你可以不是博士后，但绝对不可以没有知识。拥有广泛的知识使我们不仅能在工作中收获很多，更能提高和完善我们的修养。丰富了我们的知识，就等于开拓我们的视野，我们办事的创意也会不断。与知识渊

博的人在一起，你会意外地发现，人生竟有这么多的惊喜。

和有思想的人交谈激发你的新思维

巴尔扎克曾说，“有思想的女人，才是一个力量无边的女人。”当然他所指的绝对不是那些整天张狂霸气或高呼女权至上的女人，而是对待自己生活与事业有自己的思想的女人。对生活的释怀，对事业的追求，芊芊弱质却跳动着一颗自信而坚强的心，这才是一个真正有思想的女人。

每个人的身体结构大致相同，富人与穷人也一样。富人并不比穷人多一个特殊的器官，但是穷人住的是茅草屋，而富人拥有的是自己的一幢幢高楼大厦，这就是由个人思想决定的。思想真的有那么伟大吗？当然。

除了自然变化，社会的每个角落都是由人的思想在操纵，人类从古到今的一路发展，都是随着时代的思想变更而变更。一个人的思想决定了一个人的作为。当然，一个人的思想并不是天生注定的，我们上学其实就是在学习一种思想。与什么样的人在一起，你就会成为什么样的人，想要自己的力量变得强大，我们就要跟有思想的人在一起，让我们的思想从中升华，创造出强大的东西。如果整天跟着一群没有思想的人，我们的思维也会慢慢变得迟钝，思想变得麻木，变得不再活跃。当年鲁迅先生就是惊醒了大众沉睡的心灵，传播自己的革命思想，为战争争取胜利。所以，一个人的思想不是固定模式的，更不是天生的，而是可以通过途径传播来改变的。思想可以传播，也可以培养，更可以熏陶。与有思想的人在一起，观察他的思维角度并向他学习思考的方法，领略思想的广度和深度，才能让我们从中吸取一些深

邃的东西。就是在这个广度与深度里，划分了英雄豪杰与凡夫俗子的界限。

当然杰出人物是人们不可抗拒的崇拜者，有思想的人关系圈里几乎都是有思想的人。一个有思想的人对任何事情都有一定的见解，从他们的想法中我们可以对事物的理解多了一种看法，从而来衡量自己的观点成熟与否。

每个人的思想都是不一样的，各个年龄段人们的思想也是不一样的。与不同的人打交道，从中领略人与人不一样的思维方式。我们可以借鉴别人好的思维方法，同时也可以用明智的观点提醒自己，成为自己人生的宝贵经验，这样也有利于活络我们的大脑。每个人的思想多多少少都有一些局限性，多与思想开阔的人交往，能开阔我们的视野，换一个角度去看待问题，必然会看到不一样的答案。所以人们总是说，有思想的人总比没思想的人解决问题的方法多，思想中庸者一般情况下用的是常规方法，而思想丰富的人一般用的是聪明方法。这就是为什么成功者的方法总比问题多，而失败者问题总比方法多，这就是人与人之间的差距。

当今时代的发展离不开人类思想的活跃，没有思想的人根本就无法跟得上时代文明的发展脚步，因为缺乏思想的人本身就缺乏创新精神。从某种意义上讲，在这个时代如果没有创新就只能被别人远远地甩在后面。

思想是黑夜里的一把火，瞬间就能把道路照亮，让人坚持走下去；思想也是山重水复时的柳暗花明，引导人脱离困境，使人豁然开朗。有思想的人就好比那把火和那盏灯，指引我们前进，最终走上成功路。当然我们不要一味地学习和模仿他们的思想，更重要的是，我们要懂得吸收，虚心向有思想的人学习，学习的同时也要注意培养自己思考的能力，在拥有足够的宽度与高度的思想上，你的思维才能达到一定的高度。

心怀梦想，寻找并且站到巨人的肩膀上

从小，就有人不断地问我们："你的偶像是谁？"此时我们的脑海中会浮现出各式各样的人物。古到李白和杜甫，今到刘德华或张学友。在我们幼年时的心目中，刘德华和张学友是我们的偶像，李白和杜甫是我们的巨人，我们在仰望着各位名人大师们，并建立起自己的人生目标，确认我们的人生轨迹，然后一路风雨无阻地前行。尽管生活中有种种不如意，我们依然毫不畏惧。我们必须承认，他们是我们精神的脊梁，是进步的催化剂。那时的我们就如一只幼小的蚂蚁，只想着向远方的巨人看齐。

一个人处在庞大的群体中，只不过是粒微小的尘埃，是只小小的蚂蚁。如果想光芒万丈，光靠精神上的支撑是远远不够的，是蚂蚁就需要大象的扶持，站在大象的身上，我们才能高瞻远瞩，万丈光芒。就连牛顿都说："如果说我比别人看得更远些，那是因为我站在了巨人的肩上。"成功都离不开巨人，只有站在巨人的肩膀上，我们才能看得更清晰，才能看得更真切。

有个女孩从小就喜欢唱歌。高中毕业没考上大学，当然也就学不了音乐，圆不了她的音乐梦。为了生计，她不得不走上打工之路，整天生活在幻想的音乐世界里。有一次在朋友的生日会上，大家一起去了KTV，这位女孩一连唱了很多首歌，朋友们听得连连称绝。有位朋友鼓励她应该在音乐方面发展，不然太浪费美妙的嗓音了，甚至有人建议说，不如做KTV歌手。虽然朋友只是说说，却给这位女孩带来了新的希望。她真的去了KTV做歌手，

经过一年多的时间辗转又做了酒店歌手。好几年过去了，因为她从来没有专门学习过音乐，所以并不专业。正当她以为自己将一直这样发展下去时，一个男人出现了，他是一位大学音乐教授，从他第一次听到她唱歌，就觉得这个声音很特别，每天晚上都会去小酒店里听女孩唱歌，终于教授与女孩认识了，并且收了她做了自己的学生。教授觉得她在英文歌上有发展潜力，女孩在教授的帮助下开始学习英文，练习英文发音。经过一段时间的学习之后，水平突飞猛进。后来以唱英文歌脱颖而出，并在参加超级女声比赛中获得了亚军，从此她在歌坛上的路越走越宽，成为乐坛中实力派的一员，无人不知，无人不晓。

这位教授就是女孩的巨人，没有教授的协助，女孩的乐技根本无法提升，更没办法唱英文歌。女孩的英文歌现在在海外都广为吟唱，教授功不可没。

有时候一个人的成功，需要另一个人的帮助。依靠一位巨人，让他成为你精神上的偶像，成为知识与物质上的巨人，成为让你逾越平凡的支撑点，最终送你抵达成功的彼岸。

当然，这样的巨人在我们的生活中可遇而不可求。遇见时一定不可以错过，好好地把握机会，让他或她成为你生命中重量级人物。如果你的生命中还没出现这样的人物，就需要我们用心去寻找，去发掘，因为潜在水里的巨人，他们不会主动找你。最重要的，他是我们的巨人，我们想要站在他的肩膀上，就必须主动出击，生活才会不断有惊喜。

当然，巨人虽然能为我们指条明路，给我们插上羽翼，但是路还得自己走，我们还得自己飞。未来的路如此之长，飞翔的天空如此广阔，在未来的长度与宽度里，需我们自己好好把握。

如果你还是一只蚂蚁，就赶快找头大象吧；如你还是一个再平凡不过的人，那就赶快寻找个巨人吧！从一定的高度看自己的梦想时你会发现，你与成功只不过是一步之遥。

第05章
懂得过滤朋友圈，伙伴的思想决定女人眼界

成功需要对手,成功更需要朋友,没有人能单枪匹马立下战功。朋友是笔财富,好的朋友能给予我们生活中美好的慰藉,给予我们事业上有力的帮助,成为我们生命中不可缺少的伴侣。金钱有价,朋友无价,广交朋友,交好朋友,才是成功的真谛。你知道该如何结交朋友,怎样拴住朋友的心吗?

❋和声誉好的人交朋友，你的运气不会太差

好的声誉往往会带来契机，好声誉就是一个人的广告，好声誉本身就是一种真善美的体现。一个声誉不好的人很难有所作为，就算侥幸成功，那也是短暂的。

声誉好是一种美德，良好的声誉会给自己带来意想不到的便利。一家超市的声誉不好，会失去很多顾客；一个声誉不好的人同样会失去许多朋友。与声誉好的人在一起，就像给自己打出一幅畅销的广告牌，从而提升自己的威望，为我们带来更多的发展契机，使得自己的事业有更好的发展。当然，好声誉的人肯定有他的闪光点，善良、诚信或智慧。多与他们接触，往往可以使我们的内在品德不断获得提升，这是影响一个人立身处世至关重要的问题。

相反，与一个声誉不好的人交往，他的人格会令你蒙羞。与一个声誉很差的人交往，你会遭到朋友们的唾弃，会被别人以为是臭味相投，甚至使你功败垂成。站在声誉好的人背后，自己都会觉得自己伟大，因为他们会不知不觉间闪耀着一种能把别人照亮的光芒。

声誉不好的人臭名远扬，好声誉的人价值百万。两者之间不仅存在着品质的差距，也存在着失败与成功的距离。

现实中，声誉又跟诚信连在一起，没有诚信的企业不会发展壮大，没有诚信的人最后要以失败告终。当今世人欲望太多，为了能达成愿望，有的人将声誉早就搁到一旁。

一个中国学生去韩国留学，因为资金不足，每逢周六日都去餐馆打工。异地他乡，做其他工作时难免有语言障碍，只有在餐馆里当洗碗工。行业中有个不成文的行规，即每个盘子都要洗五遍才可以。这位学生很纳闷，洗四遍和洗五遍有何区别？于是自作主张每个盘子少洗一遍。这样一来，劳动效率果然大大提高，获得的工钱也增加了很多。为此餐饮老板很喜欢这个小伙子，干事效率高。有天用专用的试纸才测出洗的次数不够，他用不标准的韩语自作聪明地解释，洗四遍和洗五遍是一样干净的。老板厌恶地看了他一眼，一改往常的脸色，冷冷地说："你走吧，我们这里不需要不诚实的人。"留学生走了，带着一肚子的怨气，觉得这些人蠢得不可理喻。回到学校还气愤地向韩国同学讲述了自己的遭遇。那些听过的同学，渐渐与他疏远了。他的声誉传遍整个学校，就连老师都鄙夷他。最后实在无法在这所学校里待下去了，只好回国了。

一个人的诚信影响了一个人的声誉，一个人的声誉一旦不好就会走下坡路。明智的人拒绝和声誉不好的人在一起，因为这影响了我们的事业与人格。一个人的声誉决定了一个人的可信度，一个人不可信必然会受到周围人的鄙夷，跟这样的人在一起，只会让我们随时身处口水堆里，永远没有干净之地。

然而，声誉的好坏是经过众人的评说评判出来的，声誉好的人，内心一定存在着道德约束，行为必然是值得学习与借鉴的。若与他们经常接触，在他们的人际圈里，我们渐渐也会受到尊重，我们的诚信度也将大大提高。

诸葛亮为什么会选择投奔刘备？在经历了刘备三顾茅庐之后，诸葛亮终于忍不住出山了。原因就是刘备的仁义之名满天下。若是当年刘备臭名远扬，诸葛亮必定拒绝，历史必定被改写。

声誉就像灯光，一边给你权力和威望，一边给你人脉与梦想。与声誉好的人携手共进，我们将不再孤独地行走于无奈和困境里，不再陷入一筹莫展的自弃里。与声誉好的人在一起，就像身处众多机遇之中，总有一天我们会赢得利益和名气。

在茫茫的商海里，总有一些人眷顾着我们，总有一些人影响着我们。就如同与春风相伴，你怎能一路不见春花？

结交高身份的人，女为自己寻找贵人

每个人的学识、修养、财富和地位都不同，因而就有了平常与尊贵之分。身份的高与低都是相对而言的，每个人都是尊贵者，当然心中也有自己尊敬的对象。

在这个现实的社会中，有时一个人的身份能影响一切，因为身份高往往是能力与力量的象征。

所以在生活中，身份高的人往往成了我们奋斗的目标，成了我们梦里的向往。能多结交身份比自己高的人，会给我们的生活带来意想不到的好处。身份高的人在我们的身边或许不多见，但遇到时，就一定要把握。

结交身份高的人并不是巴结权贵，只是给自己找一条快速成功的路。身份高的人必定有身份高的优势，结识身份高的人并不一定要把他当靠山，而是从他身上获取更多的利益。

有一家公司新招了两名前台，阿朵和小菊。阿朵活泼开朗，处世乐观；小菊深沉忧郁，郁郁寡欢。两人的工作内容几乎相同，都是在相互协助下完

成的。开朗的阿朵经常喜欢和一些高层领导开玩笑，日子长了，阿朵跟他们都混熟了，有时还跟着一些高层领导一起外出吃饭或旅游。而小菊对阿朵的做法很不以为然，别人每天除了能看到她职业上的笑容，其他时间都是无喜无悲。她不喜欢与人打交道，生活里更是缺少欢颜。3个月后，公司里又招来一名前台，大家才知道，营管科主任助理辞职了，科长准备提升平日里关系较好且表现又佳的阿朵。

阿朵正是与比她身份高的主任交往才有幸获得提拔。所以，结识身份高的人不仅让我们可以从其身上学到东西，还能从中获得发展的机会。

既然结交身份高的人有着意想不到的好处，我们就必须了解该如何结交身份高者；在身份高的人面前，我们该如何去把握机会，下面分几点来介绍。

1. 不卑不亢

有的人一见到身份比自己高的人，就立刻卑微起来，对身份高的人阿谀奉承，而且没有尺度，像膜拜神仙一样。这样的人不仅很难获得他人的尊重，更收获不到友情，只会把自己的身份弄得更低。把身份高的人当成普普通通的人来看待，你是他的朋友，不是他的小跟班。每个人都喜欢被人尊重，我们的尊重可以赢得对方的好感，也是建立友谊的第一步。

2. 不可狂妄

身份不同的两者交往，往往会以身份高的人为中心。这是交际的现状，也是交际的规律。如果处处想与他争个上下，特别是在长者面前，这样就有损个人品质与涵养。对于身份高者来说，我们并不是奉承，既然想要从其身上获得东西，就必须热情配合好他们的心态与情绪。如果不摆正自己的态度，我们不仅不会被人喜欢，还会被人厌恶。

3. 主动出击

社会中有很多种交际圈子，所以一般身份高的人只和身份高的人交往，不怎么和身份低的人来往。这时作为身份低的我们就要主动积极，真诚地向其示好，这是交际的美德，也是交际的惯例。

4. 接受“呵护”

身份高的人往往在某些方面是“能人”的象征，其身上的闪光点往往比其他人更明显。所以身份低的人与他们结交的目的就是感受和体会他的闪光点，在适合的时间与适合的场合，向他们虚心请教，并且接受他们给予的帮助和扶持。

与身份高的人交往，始终把握尺寸有度，距离适中，不刻意逃避，也不过分亲近。

与积极进取的人交往，你也会变得更加努力

人常说，天时地利人和是成功的先决条件。在生活中，不可能随时随地都遇到天时地利人和的情况。

氛围影响着一个人的性格与情绪，积极的人群是成功人士不可缺少的氛围。没有谁能在消沉的氛围中创造出一片丰功伟绩来。积极进取是一种精神，历代描写积极进取的诗歌有成千上万篇，可见积极进取是陪伴人生必不可少的精神。平庸的生命经不起大风大浪的摧残，而在风浪过后存留下来的生命一定是顽强的。积极进取就是尊重生命，没有一颗向上的心就是对自己的人生不负责。积极进取不仅仅只是你对自己的要求，也是社会对

你的要求。综观人才市场中大大小小的招聘启事，每张上都附带一个要求，就是积极进取。积极进取是社会需要，如果你现在没有积极进取的心态，那就请你多交些积极进取的朋友吧！只有拥有一颗进取的心，你才能超越现状，走得更远。

与消极的人在一起，你只会一起沉沦，最终一无所获。打败一个人不是只打败他的身体，最重要的是战胜他的精神。一个人的身体倒下并不代表他永远地倒下；而一个人的精神失败了，就是彻底失败了。每个人的天赋、才能与知识都是不一样的，一个人纵然在先天和后天都没有学到多少知识，也不能用不求上进的心理束缚了自己。就算是一个天才，若不继续学习，最终也会随着时间的流逝而变得庸碌不堪，最后变得一无是处。仲永就是一个典型的例子，小仲永曾被称为神童，可是后来他却平平庸庸，碌碌无为。原因就是在他小有名气后不思进取且骄傲自满，而且他身边也没有积极进取的朋友，没有能督促他及引导他的人，才导致一个天才变成了庸才。爱因斯坦小时候并不是神童，中学成绩也不好，大学考了两次才被录取，学习并不出众，只是因为他拥有奋发向上的精神，最终才获得了伟大的成功。

懂得进取的人才有开阔创新的精神。社会发展到今天是在开拓与创新中实现，成功的每一步都离不开进取的精神，没有进取的精神就等于停滞了前进的脚步。

所以，多结交一些积极进取的朋友，你也会变的积极进取，从而改变你的人生和命运，为我们的人生多创造一些辉煌。

让积极进取的朋友来感染你的心态，让自己保持始终一颗积极进取的心，你的生命力才能生机勃勃。星星之火，可以燎原。多结交一些有进取心的朋友，用他们的热情来点燃我们的激情。学会积极，你会更出色。

结交有远见的朋友，会督促你把眼光放长远

司马迁说："明者远见于萌，而智者避免于无形。"大成功永远只属于那些有远见的人，鼠目寸光者只能得到一点蝇头小利就已经知足了。

拥有一个有远见的朋友就等于得到了人生中的一大笔财富。为什么说是大财富呢？有远见的人不会顾着眼前的小利益，他们看到的都是长远的利益。凯瑟林·罗甘说："远见告诉我们可能会得到什么东西，远见召唤我们行动，心中有了一幅宏图，我们就从一项成就走向另一项成就，把身边的物质条件作为跳板，跳向更高、更好、更令人快慰的境界。这样，我们就拥有无法衡量的永恒价值。"

阿牛和阿福在同一家餐馆里当伙计，他们两个是很要好的朋友。可不知为什么，老板特别喜欢阿福，每次与阿福说话都笑容满面，生活上对阿福也很照顾，每个月还会给阿福不少奖金。这让同是餐馆伙计，又是阿福朋友的阿牛很嫉妒，他不明白为什么他和阿福做同样的工作，自己也很卖力气，可是却得不到老板的赏识。不过他并不是一个不知深浅的人，一天他找到了老板，向老板提出了自己心中的疑问，老板没有说什么，只是让他去看看集市上蔬菜的销售情况。

阿牛去了，很快从集市回来说："看到一个老头拉着一车土豆。"老板又问："一车有多少袋，一袋有多少斤？"阿牛跑去集市问，"一车有5袋，一袋20斤。"老板又问："1斤多少钱？"阿牛急急忙忙跑去问。老板看见阿牛气喘吁吁的样子，说："你歇会吧，看看阿福是怎么做的。"于是老板叫了阿福来，同

样说："你去集市上看看有什么可买的？"阿福匆匆地去了，不一会儿回来对老板说："今天的土豆涨价了，从昨天的1块钱2斤涨到1块钱1斤半。不过西红柿掉价了。另外，今天集市上有新鲜豆角，不过因为是刚刚下市，价格比较贵，要2块钱1斤。"老板扬了扬手说："我知道了，你去买20斤土豆和10斤豆角回来。"阿牛木讷地坐在那里，脸都红了。

从那以后，阿牛没有再对阿福的好待遇产生任何嫉妒，他默默地看着阿福每天做什么事情，每件事情都是怎样做的，慢慢地，他也能把事情考虑得很周到，老板对他的态度也发生了很大的改变，奖金自然也有了他的一份。

阿福和阿牛的区别在于有远见和没有远见，有远见的人办事效率高，总能把很多看似繁琐的事情一步到位地办妥。这样的人不仅要有很好的思考能力，最重要的是拥有长远的眼光。

有远见者，我们会不经意间从他们的身上学会一种处世态度，甚至还能给我们带来一些长远利益。真正的好朋友能用臂膀为我们撑一把遮风挡雨的伞，有一个有远见的朋友，必定会令我们受益无穷。有句话说得好，"吃不穷，穿不穷，没有计划，一辈子穷。"一个人的长远计划就是他远见卓识的表现，有长远的计划，生活才能无忧。

深远的思想给予我们帮助，为我们带来机会。生活在一群有远见的人群里，你也会受到他们的影响，变得有远见，看问题看得更远。未来是属于有远见者的，在未知的世界里，只有有远见的人才有预知未来的本领，担当先知的角色。

借助朋友的优势弥补自己的短板

孔子云："三人行，必有我师焉。"确实，完美的事情往往不是由一个人完成的，而是由几个人甚至是多个人进行的。正如一套完美的模具，也并非是由一套工具切割出来的。事物大多都是靠一种互补关系才能达到完美的顶点。正所谓，"三个臭皮匠抵得上一个诸葛亮。"

每个人的精力都是有限的，一个人的力量是单薄的。每个人都有擅长与不擅长的一面，要想成为综合性的人才，仅凭自己的力量肯定是不行的。

人与人之间交往，交的就是对自己有益处的人，能够增长自己智慧的人。只有从别人身上获取了信息，我们做起事来才能达到事半功倍的效果。假如有两个人，A的能力为5，B的能力也为5，两人是否交流，将使两人的能力产生如下的差别：$5+5=10$，这是两个人未交往前的能力。如果两人之间进行信息交换后，能力则会产生不一样的效果，效果是$5\times5=25$。远远超出两人不交换信息而合并的能力，更要胜过单个人的力量。认识相互交流促进的朋友，也是我们做事情事半功倍的秘密之一。

克威和杰克是同学，因为家庭因素，克威很早就辍学工作了。他是家中的老大，不得不放弃学业为自己的弟妹挣学费。因为没有文化，只能干些苦力活，薪水不高却把自己弄得疲惫不堪。偶然一次机会，克威接触了电脑，并对电脑产生了浓厚的兴趣，但是因为没有钱去学，所以只有每天下班后在街上的店里玩一会，看看老板是怎么使用电脑的。那家店专门维修电脑，老板见他如此好奇，要免费教他学修电脑，克威当然愿意，于是每天下班后来

这里学一会维修电脑的方法再回家。就这样持续了几年，克威已经对维修电脑的程序完全掌握了。之后克威自己开了一间维修电脑的店面，但生意并不好做，因为他只懂得一些实际操作，而不懂得相关理论知识，有时候顾客向他问原因，他却回答不出所以然来，况且很多电脑上的英文字母都看不懂。正在他十分费脑筋时，他的同学杰克大学毕业了，正好学的是计算机专业，于是克威高薪聘请了杰克来自己店里上班，并且争取把店面慢慢扩大。后来，杰克从克威这里实践了操作方法，同样克威也在杰克那里学到了许多专业的理论知识，最终两人把店里的维修事业做得越来越红火，两个人正准备合伙投资，再开一家兄弟维修连锁店呢。

克威因为不懂理论知识，而杰克懂理论知识但是没有实践，最后两个人联合起来，互相取长补短，终于把小小的维修店面发展壮大起来。

有时候一个人的力量像一扇翅膀的鸟，无论怎么折腾都飞不起来，注定要寻找另一扇翅膀才能翱翔天空，才能飞得更高更远。人其实和其他动物一样，羽翼越丰盈才能飞得更久，朋友就好比带我们飞翔的羽翼，只有丰盈，才能领略成功飞翔的喜悦。

所以，人们的失败往往就是身上少了一扇翅膀，如何能腾飞？生活中处处是单翅的鸟儿，但不是随便一扇翅膀都适合我们，必须用心寻找。

当然，还要多与自己年长者打交道，甚至成为忘年交。年轻人往往喜欢放任不羁，目空一切，好走极端，从而使我们犯下不该犯的错，甚至不可原谅的错误。俗话说，人要是倒着活就能够避免很多的错误。所以，年轻人可以从老年人身上学到自己需要的坚定的志向、丰富的经验、深远的谋略、深沉的感情，以及他们丰富的人际关系。在我们需要时，他们的经验就能帮我们一把，起到启示作用。有时候从他们身上还能学到逾越障碍的本领，站在巨

人肩膀上的我们才能看得更高、更远且更广阔。

每个人都有自己的优点,也有自己的弱势,重要的是自己要认清自身的弱点,并且加以改善,多交一些能够互补的朋友,能使我们的生活如鱼得水,更上一层楼。

你所交往的圈子决定了你的人生宽度

有的人学富五车且才华横溢,行走在社会中却举步维艰;有的人才疏学且浅资质平平,却能闯出一翻惊天动地的大事业,这其中关键的因素在于自己的朋友圈。宽阔的朋友圈可以为我们带来无数的机遇,多个朋友多条路,多条路就多种选择,至少不会走得那么坎坷。朋友圈就像一张渔网,网织得越大,我们捕的鱼才会越多。

也许你会觉得自己的周围就这么几个小人物,去哪扩大人际圈?我们生活中很多人的交际圈不过就几个同事和同学,想拥有更宽的人脉,确实要费一番工夫。

其实,要扩大人际圈,我们也可以这样做。例如,把朋友的朋友变成自己朋友,可以通过同事认识同事的朋友,也可以把亲人的朋友变成自己朋友。人际关系网要靠我们自己人拉人地扩张起来的,当然也要靠我们用心经营。

大诗人徐志摩五岁能吟诗,才华出众。但他总觉得在自己的生活中几乎找不到能提高自己的人。聪明的徐志摩知道表舅有一个要好的朋友,乃是当时的一代国学大师,就是梁启超。心想倘若自己能拜他为师,自己的水

平定能提高很快。在表舅的介绍下，徐志摩终于与梁启超相见，并如愿拜了梁启超为师，之后徐志摩进步得很快。

大诗人徐志摩就是懂得从亲人朋友那里认识更多的人，扩建自己的人际圈，为自己成功的事业锦上添花。

朋友圈越广阔，一个人的发展空间越大，当然我们并不能一味地扩张自己的交际圈，我们也需要看准朋友，对自己只有害处的朋友当然不把他们拉进来。

如何在茫茫人海中甄别出良朋益友或不被恶朋损友所影响，这是我们选择时要面临的重要问题。高尚的朋友圈能让你高尚，低劣的朋友圈也能让你沉沦，谨慎和有选择地将可以信赖的人逐渐纳入自己的圈子里，知心的朋友可以给你带来成功，而知面不知心的朋友定会为你带来灾难。我们的朋友圈中要包含以下几类朋友。

1. 有工作关系的朋友

有工作的朋友是一个不可忽视的朋友圈，这直接关乎着我们工作与事业的发展。有工作利益的朋友需要多交，但也要谨慎地选择，如果选择不当，可能会阻碍你的事业，葬送你的前程。当然，如果选择好了，也说不定就是能促推你事业的终生挚友。当工作中遇到不知道是敌是友的人时，不妨先把他当做自己的朋友，再细细观察他的所作所为，最后决定是否与其深交，是否将其划入这个圈子。朋友确实是越多越好，因为每一个人都有可能是你的贵人。

2. 有共同爱好的朋友

有共同爱好的朋友可以称为兴趣朋友。每个人的生活不可能只有工作，就算是一台整天工作的电脑，也需要休息的时间。在一整天紧绷的工作

状态下，需要放松一下神经，娱乐一下心情。有共同兴趣的朋友就是可以在球场上一拼高下，可以为喜欢看的一本书而争执到底，然后再杀进餐馆大快朵颐一顿。这样的圈子里能缓解你的精神压力，更能陶冶你的情操，提升你的修养与品位，还能在灯光璀璨的世界里尽享你的人生。说不定，还能在圈子里面结识更多对你有益的朋友。

3. 知心的朋友

孟子说："人之相识，贵在相知，人之相知，贵在知心。"知心难求，找到真心的朋友就如同找到能让心灵停歇的港口。工作中的压抑与生活中的烦恼，使我们需要几个能倾吐的对象。即使你的名声再大，金钱再多，没有知心朋友，也只能压抑一堆烦闷在心中，感到痛苦不已。当然知心的朋友要可靠，万不能把谁都当做知心朋友，见人就吐露你的真心，那样只能给你带来损失。

这几个圈子是我们人生路上必不可少的珍宝，不管少了哪一个，你的生命都会失去颜色。朋友圈子很重要，有时也很功利，选择适合自己的圈子，选择能让自己温暖的圈子，选择一些能让自己放松的朋友圈子，你的生活才能多姿多彩，生命才能有滋有味。

21世纪本来就是一个重视团体合作的世纪，一个没有朋友的人，只能孤军奋战。纵观历史，孤军奋战成功者能有几人？一人奋战就是一人的能力，一个人的阅历，得不到外界的支持，得不到外界的信息。他的事业就像被圈在一个小圈子里，没有深度，更不够宽度，这样的人生会成功才怪呢！有人说，如果生命里除了大门还有窗户，那么每个朋友就是我们生命中的一扇窗户，多交一个朋友，就是为自己多打开一扇窗，我们的世界才能透过"窗户"而被阳光包围。

多交朋友，并且是多交好朋友，你会发现人生之路会越走越平，还会越走越宽。

诤友千金难得，要细心维系这份友情

有些人心直口快，很喜欢对你的生活提出各种建议或意见，甚至会影响你的判断。你可能意识不到，这样的人才是最应当交往的人。如果能与他交上朋友，你可能受益无穷。

古人说：道吾好者是吾贼，道吾丑者是吾师。众人相识满天下，相知有几人？知音难觅，诤友难寻。知己的一句直言，有时能改变一个人的命运。即便一个人有很多朋友，却没一个诤友，朋友再多，那也毫无意义。努力为明天筹谋的我们有时无须太多昵友，偶尔遇到一个诤友，那才是千金难求，就如同深山里的人参，极为罕见。你若遇上，那就是福分，更要珍惜。

自古知心朋友是用来诉说心事的，昵友只用来消遣时光，而诤友则是一块明镜，能照出你的缺点与不足。

相信大家都听过魏徵与李世民的故事。魏徵经常在上朝时当着文武百官的面与唐太宗争得面红耳赤，刚开始唐太宗受不了，放言要杀了魏徵这个乡巴佬。幸得长孙皇后是个明智的女子，她说："夫以铜为鉴，可以正衣冠，以人为鉴，可以明得失。"唐太宗恍然大悟。直言敢谏的魏徵病死后，唐太宗很难过，他流着眼泪说："魏徵一死，我就少了一面好镜子了"。

这个故事表现了唐太宗宽广大度的胸怀和魏徵的直言不讳，正因为此，两人都在历史上千古流芳。当局者迷，旁观者清。我们确实存在着很多自

己看不到,别人却能一目了然的毛病。有些缺点一旦暴露出来,难免让人嘲笑,甚至给自己造成重大损失,而我们自己却发现不了。现在流行这样一句话:“看透不说透,才是好朋友;看透要说透,缘分就到头。”事实上这句话是对朋友非常不负责任的态度。

甲乙两人因为志趣不同,志向不一,做着不同的行业。一个做起了裁缝,一个修起了自行车。两人因为住在同一条街上,没生意的时候你来我这坐坐,我去你那逛逛,亲密无间。有一天甲刚打发走一个顾客,闲着没事,便走到乙那儿去瞧瞧,刚好乙正忙得不可开交,那么一小会儿就收了好几十块钱。甲看着好羡慕,想自己忙一天也才挣几十块钱,勉强过得去,干脆不如学修自行车得了。甲打好主意,改行修自行车了,便把这个想法跟乙说了。乙心想,你做裁缝不是挺好的吗?可一看到甲热切而坚定的目光,他就张不开口了,没办法乙为了面子只好教甲一些修自行车的简单活,终于甲的自行车摊在乙的对面开张了。

因为一条街的缘故,甲乙两家因为生意少而赚不到钱。特别是甲,因为技术不过关,顾客更少,最后只好关门。

甲问乙原因,乙终于把憋了很久的话说了出来,这个店本来就不该开,本来一条街两家店生意自然就少,况且现在自行车也越来越少了。甲责怪道,你怎么不早说呀?害得我亏了那么多钱。乙委屈地说,我当时说了你信吗?我要是说了你还以为我有其他想法,到时候连朋友都做不成了。结果两人无语。

乙因为怕甲误会,把该对甲说的话放在了心里,而造成了甲的损失。当今社会像乙一样,抱着“那是别人的错误又不是自己的错误”而睁一只眼闭一只眼的人很多。对于这种看透不说透的朋友,尽量不要深交。人生在世,

值得自己深交的朋友一定是对自己有帮助的朋友。都说诤友也是挚友的升级版。人生若没有诤友，就如同你永远孤立一人，努力在做事情，却不知道自己是做对了还是做错？千万不要为了一句肺腑之言而恼羞成怒，为一句难听的话语和朋友断绝关系，那是最不明智的做法。

我们能用大度的胸怀去宽恕别人对自己犯的错误，为何不能大度地容忍朋友对自己有益的批评呢？或许他就能在你生活与事业的道路上拯救你一把。错过生命中的诤友，就听不到世间最真实的声音。我们不仅要寻找诤友并把握诤友，我们还要去做别人的诤友，让生活处处充满祥和与真实的声音。心底无私，待人诚挚坦荡，真心实意帮别人，这样的友谊才是可靠的。

女人要知道维护朋友比结交朋友更重要

有很多人都在困惑，为什么自己认识了那么多的朋友，而到了真正需要帮助时，能够雪中送炭的朋友就变得屈指可数了。而有的人虽然身边的朋友并不多，但当他遇到困难时，所有的朋友都愿意帮助他。有的朋友结交了，却可以在最短的时间内分道扬镳；而真正的朋友，是平平淡淡若干年后还能继续保持君子之交。要做到这一点，就需要付出我们的真心。成天在酒桌上见面的朋友不算朋友，真正的朋友是在众人面前能够挺身而出维护你，在利益面前能不计较得失的人。《还珠格格》的热潮已经过去十几年了，我们依稀还记得里面的画面，尤其是几个年轻人之间的友情。在生死关头，还在维护自己的朋友，这样的友情必定会相守到老。而那些整日在酒桌上

喝酒吃肉的酒肉之徒与肝胆相照的朋友相比，的确是差远了。

生活中很多人喜欢在人前炫耀自己认识哪个企业的老总，哪个单位的大领导，结识了哪个名人，其实别人未必认得他。炫耀自己拥有很多的朋友，往往别人却没拿你当朋友。结交朋友最重要的是无论任何时候都可以为朋友着想，那朋友必定也会真心真意为你着想，并且铭记于心，这样的友谊才是真挚的。

有一个年轻人跟别人学做生意，父亲生病了，急需花钱治疗。于是他趁老板不在的时候偷偷地拿了500块钱，结果正好被老板碰见了。年轻人尴尬极了，心里打算着就让老板开除吧！可让他没有想到的是，老板并没有责怪他，却说："我忘了告诉你，那是你该得的奖金，赶快拿去给你父亲看病吧！"这个人感动极了，他知道那是老板在维护自己才这么说的，自己哪有什么奖金呀。于是这位老板的情义深深刻在了年轻人的心里。多年后，这个年轻人成了那个地方最有名的商人，而当年的老板因为被人陷害，早就一贫如洗了。于是这个人拿出了1/3的家产借给这位老板重振家业，老板感动得热泪盈眶，激动得说不出话来。年轻人说："我没有别的意思，是您当年的维护让我终生难忘，并且铭记于心。"

有时就是这样，你的一次宽容让人终生难忘。用心去维护别人，总有一天别人也会用真心回报你。朋友不求多，真心的几个就足够了。从上面那个故事中我们看到交友的重点在于彼此维护。那么我们又应该如何去维护朋友呢？

1. 信守承诺，遵守约定

如果你因为有其他事而耽误了与朋友的约会，而你又对自己的迟到毫不在意，你的朋友已经等得火急火燎，他心中当然会有一股怨气。一定要严

格遵守与朋友之间的约定，若真遇到迫不得已的事情，必须向朋友认真解释清楚，这样会让他们觉得在你心中他们很重要。

2. 言谈谨慎，别让朋友的自尊心受到伤害

如果你的朋友在某些方面不如你，而你们的关系又亲密无间，想说什么就说什么。这样虽然很好，但是往往有人会因此而忽略了自己的言行，自顾自地高谈阔论自己的优越，而不顾及朋友的心理感受，这样只能使你与朋友渐行渐远。

3. 随便也要讲究小节

有的人觉得与朋友的关系非常亲密，所以说起话来不用顾忌，粗口狂话，不拘小节。粗鲁的语言会让朋友觉得你缺乏教养而刻意与你拉开距离。

4. 求友要有度

我们遇到困难时会想请人帮忙，首先想到的当然是朋友。但有些时候朋友很为难，因为他们不知道该怎样拒绝你。有时应当适可而止，别让朋友对你产生反感。

5. 理解万岁

多从朋友方面考虑，才能做到真正地理解对方。一个不被众人理解的人会无比痛苦，你若能成为理解他的那个人，那他对你的感激必将不言而喻。

通过与人交往的途径来拓宽自己的发展道路，已经成为当今世界人们必不可少的发展途径之一。谁若不懂得交际，谁的人生必将一败涂地。维护好朋友比结交朋友重要得多，当友情达到一定的深度与厚度，才能体现出我们的交际价值。想要拥有深厚的友情，就要用真心维护已成为朋友的人。如果一个人交了很多朋友却不懂得如何维护朋友，到最后朋友必定会逐渐

远离他。人生最怕流失朋友，流失一批朋友就像流失一批宝藏，会让我们遗憾。聪明的女人懂得如何结交朋友，更懂得如何维护朋友，从而从中获得最珍贵的情谊，为自己通往成功的道路伏下一批重兵。

第 06 章

慎重选择人生伴侣，合适的鞋让你舒适走一生

执子之手，与子偕老。作为女人，你该执谁的手，该与谁偕老？婚姻是女人的第二次生命，所以一定要用你的火眼金睛，选择适合你的男人。好男人能为女人创造另一个世界，而遇人不淑则会埋葬女人拥有的世界。你想选择怎样的生活，选择怎样的爱人呢？或者你不知道该如何选择，不知道该如何分辨，那么认真阅读本章的内容吧！

了解真正的自己，选择适合自己的男人

灰姑娘肯定从来没有幻想过王子会出现在自己的生命中，但后来就是出现了，并且从此过上了尊贵的生活。在大众的意识里，王子就是富裕与尊贵的象征，也是锦衣玉食的象征。如今的女性，有很多人都梦想着穿锦衣且住豪宅。而真正想嫁一种生活的女性，她是不会只为了钱而嫁给任何一个男人的。

人们说“选择怎样的丈夫，就是选择怎样的生活。”既然是嫁给一种生活，就应该是自己喜欢的生活。正如人们所说的，如果你是天鹅，就该嫁给宁静的湖水；如果你是高傲的海燕，就应嫁给汹涌的大海；如果你是小花，就嫁给绿叶吧！

我们的生活离不开牛奶和面包。现实中的爱情无法像电视剧中一样，食人间烟火。但也有精神高于物质的例子，如三毛，她为了与荷西的爱情，毅然飘向远方，过着让所有情侣都羡慕的生活。但最重要的是，三毛喜欢那种生活。

有的女人喜欢追求事业，从小就梦想着做女强人，那么就应当找一个事业心很强的男人。只有这样的男人才能给你动力和资金，在两人共同追求的目标里，在共同的爱好与事业中品赏生活。而有的男人不喜欢从早到晚都出入职场的女人，希望女人温柔贤淑且相夫教子。若事业女嫁给这样的男人，你们会永远不协调。爱情虽然让两人之间相互容忍，甚至为对方而改变。婚姻需要以爱情为前提，但婚姻生活会慢慢比爱情实际，它并不像当初

你的浪漫幻想，家庭一定会有矛盾产生，感情必然遭到威胁，生活就不如意了。人们说“爱情是此时此地，结婚是从此以后”，这句话一点都不假。

想要爱情拥有长久的生命力，就要靠双方的融洽与精心来经营。不同的见解与分歧，必然会使爱情遭到打击。当年才女林徽因与梁思成、徐志摩的感情纠葛中，林徽因与梁思成结婚后，还深情地写下了《你是人间的四月天》。但多情的徐志摩只是那片云彩，云彩本身可以在某个时辰、某个片刻停留下来，却不能永远地停留在林徽因的四月天里。她知道她的生活要比爱情广阔得多。

生命比生活重要，生活比爱情重要。生活有多种可能性，不适合你生活的那男人，我们应当睿智地离开他，不要只因为一时对爱情的迷恋，而迷失在你本来厌恶的生活里。

生活方式种类繁多，但有时候嫁给一个你爱的人，不等于就嫁给了你爱的生活，既然你选择嫁给那个人，那么你也就嫁给了那种生活。

有一女孩爱上一男孩，男孩是美术系的，爱艺术到了几乎疯狂的状态。而女孩是学外语的，对画并没有独特的眼光，她看不出画里展现出的率真与轻扬。两人因为爱情走进了婚姻的殿堂，婚后女孩进入学校当老师；男孩依然画画。时间一久，女孩发现在男孩眼中，他的画可以与她的地位平起平坐，他可以跟他的画生活好几天。她并没有责怪他，反而很庆幸，在男孩眼中他的画比生命都重要，而她竟能与他的画平起平坐，说明在男孩眼中她的生命比他自己的生命还重要。在男孩最重要的时期，女孩决定辞职帮助男孩完成心中理想，终于帮男孩完成了第一次个人画展，男孩开始有名气了，更用心地研究他的画风，甚至在画室里一待就是一星期，女孩默默地把饭菜送到他的面前，男人微笑着说，画是我生活里的情人，而你永远是我生活里

的老婆。女人说,那我情愿永远做你的一幅画。

嫁给他,就是嫁给了他的生活;爱他,就得爱他的生活。只有两者的心灵相互交融,现实生活才会更融洽。

男人如茶,女人如水,像这样茶与水相伴的人生,虽然有点淡淡的苦涩,却也甘甜。生活需要爱情的滋润,更需要两人心灵的浇灌。嫁给一个适合你的男人,就等于嫁给一种适合你的生活。

不被金钱束缚,找到真正能够相知相伴的他

百年修得同船渡,千年修得共枕眠。当你和一个男人牵手走进婚姻殿堂时,你眼中的他,可能不是最帅的,也可能不是最有钱的,但一定要是最适合你的。

寻找适合自己的另一半确实是件难事,可能是世间好男人太少了。白面清秀的男人总有些奶油味,时间久了令人发腻;舞文弄墨的男人多情趣,但多愁善感,往往一事无成;从政者虽然气派堂皇,但做事一板一眼,太乏味;成功老板未免含金量太重,很可能自己逍遥快活,把你晾在一边。

没有哪个男人不喜欢美貌的女人,殊不知如花的美貌最容易老去。当昨日的鲜花变成今日的黄花,男人们是否还会眷恋你的一颦一笑?婚姻并不是恋爱时的风花雪月,而是生活里的柴米油盐。它也不像恋爱时的轰轰烈烈,它需要一份由幸福构建起的和谐。最帅或最有钱的男人可能给不了你这份和谐,只有那个适合你的男人才给得了你。

每个人身上都藏有棱角,而婚姻生活就是两个人的棱角相互磨合,磨合

不好，终有爆发的一天；磨合好了，最适合你的那个人就出现了。

睿智的女人看男人不在意他是否有唐伯虎般的风流倜傥，有潘安般的长相。睿智的女人总是关注着平淡的流年里，那双温暖的眼睛，无时无刻不在关注着自己。也许他不是最有钱的，但他却是最不吝啬为你花钱的。等到容颜老去且白发苍苍时，他还依然记得你们初恋时的甜蜜。潇洒的男人风流倜傥，但躺在他的怀里却温暖不了你多久，总会让你有一天去面对“一轮孤月望寒窗，一汪涩泪泡苦心”的凄怆之景。款爷也不能嫁，款爷的架子高且派头大，名车豪宅，吃香的、喝辣的，可是这样的生活总有一天会让他忘记回家的路。

赵丹大学毕业后，和谈了四年的男朋友同往深圳欲求发展。赵丹学的是导游专业，在一家导游公司上了班，因为工作的需要，经常会到处飞。而赵丹的男朋友学的是经济管理，因为涉世不深，难免遭人排挤，工作状况平平。时间长了，赵丹渐渐迷上了多姿多彩的世界，外面的男人不仅有钱，也有品位，还懂情趣。她认为家中的男人不仅没钱，又呆板，傻小子一个，最终提出了分手。任男朋友苦苦哀求，都没能留住赵丹那颗早已躁动不安的心。不久之后，她与富家子弟林磊谈起了恋爱，据说林磊靠着家里的扶持，开了一家规模较大的外贸公司，身边总不乏年轻漂亮的女孩子浓情献媚。而林磊看上赵丹，主要是因为她的学历高，气质不一样，经常带着赵丹出去见大客户。赵丹非常满足骄傲，两人幸福地走进婚姻的殿堂。可是物欲横流的时代，有钱总会把一个人的性格宠坏，婚后的林磊不仅不体贴，还动不动就发脾气，更别说迁就了，狂暴的性格一下子就暴露出来。恋爱时的春花秋月早就没了影子，赵丹在几次遭受毒打后毅然选择离婚。在夜深人静的夜晚，她总忍不住想起在深圳奋斗的他，想起了分手时他为她泪如雨下的情景；想

起了在学校时他掏遍口袋，花光所有的钱为她买的第一束玫瑰。

都说前世一千次的擦肩而过才换得今生的一次相遇，前世一千次的相遇才换得今生的一次相知。生活中相遇的人太多，能够抵达你心灵深处的往往就那么一个，你错过了，肯定不会幸福。现实派的小姐们很多像赵丹那样，疯狂地迷恋着多金的男人，岂不知多金的背后，也潜伏着很多隐患。

聪明的女人嫁人会嫁适合自己的男人，彼此包容的性格会在繁琐的生活中起到互补和推进作用。不会为了一个小小的分歧而弄得家中鸡飞狗跳，两个人之间往往有某种默契，这种默契就是你俩沟通的心灵之桥。最好还要有共同的兴趣，有共同兴趣就容易产生共同语言，在看待问题和处理问题上也有共同的见解。

婚姻中的爱情，不是彼此吹啦弹唱地演电影，能与他心与心地交融，有滋有味地一路走过，那才是婚姻的真谛。

女人要练就火眼金睛，识别品行不好的男人

怎样的男人才算是好男人？答案一向见仁见智，没有统一的标准。正所谓萝卜白菜各有所爱，每个人的性格与立场决定了每个人的眼光与视角。所以女人看男人的角度不一样，男人的优点可能变成了缺点；反之亦然，这就需要我们具备一双“火眼金睛”。

如果一个女人只是想找一个玩伴，唐伯虎般风流倜傥者自然是最佳选择。男人能说会道且风度翩翩固然是好事，可谁能保证他不是心口不一呢？男人的品行决定了婚姻生活的质量，与一个品行不好的男人相处，不仅不能

给女人带来愉悦，反而会让女人觉得很累。爱情与婚姻不一样，爱情如玫瑰，婚姻如面包，婚姻不适合情痴女。聪明的女人选男人懂得选实惠且可靠的类型。当然一个男人的实惠与可靠离不开一个男人的品行，男人的品行恶劣，是女人婚姻生活中的大忌。人们说，让一个男人崩溃掉，可以摧毁他的事业；而让一个女人崩溃，则是摧毁她的感情世界。

小莲在学校里是中文系的才女，有着堪比张小娴的文笔，是大多数男生追求的对象。但是小莲并未对这些追求她的男生动过心，她的内心里藏着另一个世界的白马王子。他就是音乐系的超级大帅哥——张延庭。只要一提到张延庭的名字，学校里没有哪个女生不赞叹的，那可是全校有名帅哥啊，样貌英俊，球打得更棒，还弹得一手好吉他。长长的头发，背着一把吉他，简直酷的没法说。美眉们一个个穷追不舍，死缠烂打，帅哥都好像没有感觉。唯独小莲这位鼎鼎有名的才女亲自出马，才把这位帅男征服，经过几年的马拉松恋爱，这一对全校公认的金童玉女终于走进了婚姻的殿堂。可惜婚后不久，张延庭因为才艺得不到发展，每天闷闷不乐，经常一个人去酒吧喝酒，有时还会与其他女人关系暧昧，回到家后又与小莲吵架，甚至还动手，张嘴就是粗话。小莲哭着大声对他说："你怎么这么没教养？狗嘴里吐不出象牙。"张延庭气愤地反驳她："那是你瞎了眼，找了个吐不出象牙的老公。"如果女人遇到这样一个男人，不受伤害才怪。

这样的婚姻进行下去太痛苦了。公主与王子的故事结束后，婚姻里已经没有了风花雪月，取而代之的是现实中的工作与物质。没有了恋爱时纯情浪漫。相爱容易相守难，没有品行的男人，根本就不应在女人结婚考虑的范围之内。就像小莲的老公一样，这种男人要甩得越远越好。而好品行的男人是不会无缘无故向女人发牢骚或吵架的，无能的男人才会如此。有品

行的男人懂得怜香惜玉，即使不富贵，可他愿意为你跑到百里之外去买一份你最爱吃的饺子。好品性的男人就如知己，在女人需要理解时能与之产生共鸣。

无论是彬彬有礼的君子之雅，还是山野村夫的粗犷，无论是文人墨客的轻狂，还是侠肝义胆壮士的豪爽，甚至是男子的外貌俊丑都不是最重要的。对一个女人而言，最重要的是男人的内心是否善良，这是好品行男人的标准，也是值得女人爱慕的好男人标准。

一个女人有什么样的心性，就适合找什么样的人。当一个女人还在觉得什么样的男人才帅的时候，这样的女人还不适合结婚。纵使帅哥非常养眼，却不能为女人养心。在婚姻生活里，女人更需要一个能养心的男人。都说女人的美丽是男人滋润出来的，这话一点都不错。嫁给一个好男人，女人才能更加美丽自信，光彩照人。女人如花，嫁一个品行好的男人，就如给花施以充足的阳光和肥沃的土地，只有这样女人花才能开得迷人娇艳。如果嫁给了“黄沙漫天，阴雨不断”的人，再如花似玉的女人也会过早凋谢。

选丈夫并不需要女人绞尽脑汁，费尽心机，最重要的，是要睁大双眼，用心去看，让自己的选择更有价值。

女人独具慧眼，要学会选择有潜力的男人

人们的思想随着时代的发展，也在逐渐发生变化。以往小伙子与姑娘对山歌定情的方式，逐渐被各种便捷的方式所替代了。而随着时代变化，姑娘的审美观似乎也发生了改变，不把以往抢手的帅气小伙放在眼里，而狂追

三四十岁已婚的成功男士，青年才俊在她们眼里变成了愣头青。年长的成功男士确实有魅力，但这样的成功男士也是由当年的愣头青经历了无数摸爬滚打之后成长起来的。当然，他之所以能获得今天的成就，那也是当年的愣头青具备了足够的潜力。

嫁给一个有能力又有成就的男人，是每个女人的梦想。在挑选丈夫时，我们也不要忘记时刻充实自己的内心世界，净化自己的心灵，因为有魅力的男人往往更看重女人的涵养和女人的内心。

有句话说，生命的质量不在于它的硬度，而在于它的韧度。生命的韧度就好比男人的潜力，越有韧度，就越值得深掘。一个人年轻不可怕，可怕是没有潜力可以挖掘。然而，作为女人，看准什么样的男人富有潜力，那才是至关重要的。到底需从哪几方面来看呢?

1. 有良好的社交能力

这是每个想获得成功的男士的必备的能力，也是获得成功的最大底牌。交际是万事顺利进行的连接点，有良好社交能力的男人心灵健康，思维活跃，遇事不会走极端。年轻人如果拥有很好的交际网，更能体现出他的为人处世比同龄人更成熟。

2. 沉稳且责任感强

曾有一群男人在酒桌上侃侃而谈，酒后男人更是无所不谈，一边炫耀自己的丰功伟绩，一边策划着未来的美好蓝图。唯有一个男人默默在酒桌旁抽着烟，一圈圈地吐着烟雾。当旁人问起他今后有何打算时，他非常含蓄地说"让我的家人幸福就好。"结果别人都笑他没大志。两年之后，男人通过网络开起了外贸公司，事业一直呈上升趋势，很快拥有上千万的资产。越是深藏不露的男人，骨子里越有韧劲，而那些傲然浮夸者往往成不了大气候。

有的男人遇到点小事就喜欢喋喋不休，遇到大事就更不得了，大呼小叫，遇到急事毛毛躁躁。这种男人往往底气不足，不够沉稳，给人一种很浮躁的感觉。而有的男人会把自己隐藏得很好，不管什么时候，都能沉得住气。沉稳是最难得的，他从骨子里透出一种责任感，一种属于男人的品质，让任何女人在他身边能感受到安全。

3. 有雄心壮志

成功的第一步是先要树立远大的目标，强烈想达到某种目标时，就拥有勃勃雄心。一个人的雄心越大，他的行动力就会越强。雄心使男人容光焕发、自强不息且魅力无穷，这种心境在一个人成长奋斗的路上起着决定性的作用。没有雄心的人不会有动力，也不会有远见，更不会有强大的爆发力。雄心壮志是成就事业的第一步。

4. 富有挑战精神

富有挑战精神的男人，就像是一张拉开的弓，沉稳、平静并蓄势待发，等待挑战，充满征服欲。居里夫人说，弱者等待时机，强者制造时机，有尝试的勇气，有实战的决心。爱挑战的人对生活有着强烈的热情，一个不愿意接受挑战的人对生活没有激情。生活中没有挑战，就永远超越不了自己，每次挑战都是一种逾越。

也许现在的潜力股还没有被挖掘出来，但有潜力的人终究是会被发现的。选择潜力股的男人，也是女人终生的重大投资。不能只观眼前的青涩，重要的是这个人所拥有的才识、胆量和野心，这些才是衡量一个男人是否值得女人投资的标准。

❋ 选择托付终身的男人要小心、慎重

男怕入错行，女怕嫁错郎。当今社会女性的经济地位已经大大提高了，嫁人不再是寻找终身饭票。但似乎还是有很多女人在情路上一路颠簸，过着不幸福的生活。女性在经济生活中已经独立了，但在情感生活上却一直陷入纠葛之中。

社会竞争激烈，不仅女人的生活压力大，男人的生活压力更大。在这个压抑而又要求发展空间的时代，男人身边的朋友或同学有的买车买房，成为大款；有的空有抱负，一筹莫展。这种环境的促使下，产生出形形色色的男人。所以女人一朝选错婿，常常会造成遗憾。作为女人，你可要看好了，以下几种男人在选择时一定要慎重。

1. 自卑的男人

如今会赚钱的男人越来越多，当然不会赚钱的男人也不少。有些男人并不是没有赚钱的能力，而是没有遇到挣大钱的机会，有的男人因此而却产生了深深的自卑感。自卑的男人自尊心强，往往又没什么斗志，别人不经意间的一句戏言就能让他敏感的神经突然发作。你若碰到这么一个男人，就如同手捧着贵重的瓷器，让你战战兢兢，永远别幻想他能叱咤风云，功成名就。这样的男人多半事业无成，你跟着他不是物质上的痛苦，就是精神上痛苦。

2. 身边女人太多的男人

真正有责任感的男人内心是有道德约束的。即使他很优秀，也会顾虑

万千，更不会纠缠那么多的女性。身边很多女人的男人往往是始乱终弃者，通常容易感情泛滥。跟这样人过不容易，过上一辈子更不易。

3. 把恋爱当中心的男人

这样的男人可能在某些方面得到女性的欣赏，毕竟在这时代能找到一个珍惜感情的男人不易。如果过于专注爱情，很容易忽略事业，姑娘肯定不愿意王子放下王子的地位，来和你一起过三间茅屋一杯清茶的生活。通常都说，爱情是女人的给养，但没有男人只靠爱情活着。爱美人不爱江山的男人往往软弱无能，时间久了，你会觉得很累。

4. 爱贪小便宜的男人

节俭虽是传统道德，但贪小便宜却是行事作风。一个爱贪小便宜的女人已经让人受不了，更别说一个爱贪小便宜的男人了。爱贪小便宜的男人往往小气且斤斤计较，他又能对你大方到哪去？总有一天你们会为了青菜萝卜的价格而闹分居。

5. 性情暴躁且没风度的男人

性情暴躁的男人几乎很难能与他辩论什么，稍有不如意就大吼大叫。脾气坏得跟洪水泛滥没什么区别，怒气冲冲又凶神恶煞的样子很让人受不了。一个有修养的男人会控制好自己的情绪，若连自己的情绪都控制不好，往往情商很低。什么时候发脾气好，什么时候发脾气不好，他或许知道，但是就是不能控制，这样的男人也够折磨人的。

6. 优柔寡断的男人

当断不断，必受其乱，这种男人虽然温柔体贴，但容易因为一些小事干扰，左右为难，丧失发展的机遇。这种男人往往会因为不够自信而怀疑自己的能力，让自己失去的更多，要想事业有成，似乎很困难。

其实生活中的好男人似乎都是一样的，而不好的男人各有各的缺点。聪明的女人一定要擦亮自己的眼睛，以免受到不必要的伤害。

(1)女人选择男人的时候，最让人担忧的就是以貌取人。帅哥只能吸引一群无知的少女和怨妇，没有内涵和深度的男人只能当装饰品。

(2)切忌情人眼里出潘安。不管你多爱他，始终要用理性的眼光审视他，不然你会被他表面的优点蒙蔽，甚至把缺点也看成优点了。

当然，婚姻最重要的还是两人的感情，两个相爱的人结合在一起是最好的。相互珍惜，相互信任，只有牢固的感情基础才能达到相敬如宾，相濡以沫的程度，才能令婚姻幸福美满。

嫁个有生活情趣的男人，生活更加美好甜蜜

金钱和地位确实会让女人有安全感，看到别人对自己毕恭毕敬，自己心里就得意；睡觉抱着一包钞票就想笑。可这些往往只是表面浮华的东西，不能真正深入人的内心。作为女人，是愿意选择守着一个整天只知道往家里赚钱而与你没有别的话题的男人，还是情愿守着一个没有多少薪水却每天回家跟你讲笑话的男人？聪明的女人肯定会选择后者。现代生活给人们带来那么多的压抑因素，每个人都为自己的生计而奔波着。只有富有情趣的生活才能让压抑的人们真正感受到生活的快乐。

现代经济发展如此迅猛，人们的脚步也在时代的鞭策下前行，我们的周围无时无刻不充斥着压力。日常生活的压抑，工作中的压抑，使本来疲惫不堪的心异常烦闷。这时候你就会明白，嫁给一个懂得情趣的男人该有多好。

也许这个懂得情趣的男人不够英俊潇洒，也没有多少钱财，但他能为你的生活带来无限的愉悦，这才是最难得的。

工作没了可以再找，钱没了可以再挣，就算是一无所有了也不能失去生活的情趣。情趣是振奋人的精神支柱，使人能在摔倒后坚强地爬起来。男人还要懂得夫妻间的情趣，女人在家忙了一整天的家务，照顾年迈的父母，接送孩子上下学，又得急急忙忙给男人准备好晚餐，如果男人依然是一副严肃的表情，吃完饭后就奔着体育频道去了，对男人来说可能很惬意，可是这时的女人却在默默地收拾桌上的碗筷，内心充满了冰冷的寒意。而职场中的女性就更是如此，一天到晚跟在领导后面看着领导的眼色行事，生怕一不小心就犯错而影响工作，几乎每一步都走得很谨慎，又走得那么沉重。下班后该放松了，若再碰到一个不懂得情趣的老公，只能死气沉沉地度完一日，再等待次日死气沉沉的一天。这样的生活枯燥乏味，犹如生活在平静的死海里，望不到彼岸，看不到波澜。

夫妻间的情趣能制造愉悦的氛围，还可以充当感情的调味剂。

相传胡适先生就是一个颇有情趣的人，他讲课引用别人的话时经常会加上“某说”字样。有一次在他的课上，又引用别人的话。第一句引用的是孙中山的话，就在黑板上写了个“孙说”；第二句引用的毛泽东的话，就在黑板上写了个“毛说”；最后一句是自己的话，就在黑板上写了个“胡说”。弄得全班学生哄堂大笑。生活中的一些小小的情趣，才博得了当年众多学生的热爱。

木讷的人只会拥有木讷的人生姿态。婚姻生活中每天面对的不是工作与物质关系，就是生活与交际的关系。不要让精神的抑郁成为一种习惯，而要打破这种习惯，每天适时地开个小玩笑，丰富一下自己的生活。

女人嫁一个有生活情趣的人，就算没有足够的金钱养尊处优，但他能让女人有足够的快乐。情趣是一个人的智慧体现，当你拥有了一个有情趣的丈夫，生活纵然再辛苦，也能觉出甜蜜。

不要忽略细节，从细微处看透男人

都说细节决定成败，细节是生活的一种姿态，一个男人的潇洒与修养，全在一些小小的细节里。细节会透视出一个人的性格、能力、涵养和品格。找男朋友，要看准细节；找老公，细节更不可忽略。

从细节中发现一个男人的本性，是女人们的必修功课。世界上的人有千百种，一个人也可以有无数细节。从品位断定修养，从谈吐判断学识，从爱好看出心态，从着装发现他的审美取向与性格。具体内容分以下几点来透视男人的底牌。

1. 对女性的着装要求

喜欢自己女友打扮清纯些的男人，往往注重心灵的融会，他通常会把你的每个小举动都看在眼里，放在心上，这种男人比较用心。有的男人喜欢女人穿得性感些，这种男人往往注重的是女人的身体，不注重思想上的交流，这样的男人往往很少付出真爱。

2. 遇事时的表现

有人说，真正成熟的男人，小事幽默说，大事慢慢说，急事清楚说。若一个男人遇到稍微大点或急点的事，便说话语速明显加快，脸上掩饰不住内心的惶恐，这样的男人往往沉不住气，大多也成不了大气候。堵车时，喜

欢发牢骚的男人通常沉不住气。在急事或大事面前能表现得镇定自若的男人，善于利用玩笑来调节气氛的男人，情商很高，是大多数女性喜欢的对象。

3. 所看的电视节目

喜欢看长篇电视剧的男人喜欢用幽默来缓解压力，所以这种男人不会无缘无故地乱发脾气。喜欢看法制类节目和新闻调查类节目的男人有思想，而且逻辑性很强，很乐于帮助别人解决问题。喜欢看偶像剧的男人通常外形比较可爱，不具备深沉的气息。

4. 对待新朋旧友

在当前变化飞速的时代，有的人交了新朋友，会很快融入到新朋友之中，而忘记问候老朋友。有的人觉得交了新朋友就可以把老朋友忘记了，甚至还时常在老朋友面前炫耀他的新朋友。这种男人通常不是势利眼就是做事不懂顾大局，并且给人的感觉特别虚伪。

情人节到了，丹丹捧着几束玫瑰花与结识不久的男朋友一起走在广场旁的林荫小道上。突然有一个男孩从路边抱着一捆鲜花跳出来，抱住丹丹的脚，让她买他的花，不然不让她走。丹丹吓坏了，怎么抽也抽不出腿来。本来手里捧的玫瑰已经够多了，再买都不好拿了。丹丹皱起了眉头，心里不免产生厌烦之感。男朋友见状，二话没说，一把扯开小男孩的手臂，一推就把小男孩推倒在地，凶神恶煞地叫道："小屁孩，快滚！"说完转身看着丹丹，马上恢复了以往的温柔，说："没事了，吓到你了吧，我们走。"丹丹被刚才男朋友冷酷的表情弄得目瞪口呆，深感吃惊与意外。事后丹丹想，一个男人可以变脸变得那么迅速，面对一个小男孩，他看起来都那么凶神恶煞，是不是他的真实性格就是如此呢？经过那次"事件"，丹丹与新交的男朋

友渐渐疏远了，男朋友很快又另找到了新欢，听说没有多久就结婚了，可惜婚后好景不长，男孩的性情暴躁，又很自私，经常将自己的老婆打得鼻青脸肿。

幸好这只是一场有惊无险的恋爱。他的举动就已经暴露了自身的陋习。他对别人阴险，总有一天会对你无情，女人免不了在他手上受到伤害。

通过细节看透男人的本性，就是看这个男人是不是能给女人安全感和安稳生活的保障。人有时候实力不一定需要太强，能稳全局就好。成熟稳重一些，才值得女人托付终身。

女人选择男人，就是在选择自己的人生。在成千上万的男人中，寻找一个伴侣似乎并不容易，女人不仅需要一双慧眼去观察细节，更需要一个聪明与冷静的头脑去悟透这些细节透露的信息。

下篇：女人做事有心，幸福总会环绕

第07章 做工作中的有心人，扬长避短展现女人的价值

在老板眼中，谁是职场中最可爱的人？当然是那些能为老板分担忧愁，办事出色，能成为老板左膀右臂的女人。女人要想受到上司和老板的器重，必然要经过一番表现和努力，这需要女人做事上心，做人留心，凡事有心，让领导肯定自己的价值，把自己的能力体现在工作中，做老板身边不可或缺的人。

做一个工作中让老板喜欢的有心女人

在职场上，只要我们不是老板，就必然拿着别人给的薪水，替别人办事。我们每天费尽心机地思考如何把工作做好，如何不被老板批评或扣罚薪水。当然，聪明的女人绝不仅仅只想把工作做好，更希望能获得老板的赏识和提拔，成为老板眼中的“绩优股”。

很多职业女性总是抱怨自己怀才不遇或不受老板器重。不管工作多么的努力，都吸引不了老板的目光，反而因为一次不合格的成绩却被老板牢记于心。这在职场上是无比糟糕的事，也是职场上的失败。想再获得老板的赏识和提升，似乎没有多大的可能了。其实，想得到老板的赏识，并不算太难，只要我们能引起老板的注意，将自己最好的一面展现在老板面前，获得老板对你的重视，让老板更深刻地关注你，到那时候你才有加薪升职的可能。想成为老板眼中的“绩优股”，一定要掌握以下方法。

1. 正确处理好与老板的关系

有的人喜欢将老板像神那样崇拜与敬畏；有的人表面上对老板毕恭毕敬，私下面却蜚短流长。到底怎样才是对待老板应有的态度呢？正确处理好与老板之间的关系，一定要表现得泰然自若且不卑不亢，在尊重他的基础上也不要忘记自我表现，因为这是让老板深刻认识你的手段。隐藏自己的弱项，多多展现我们的优势。

2. 愿意与公司一同成长

这一点是很多企业家尤为看重的，与公司共同成长往往体现了一个人

的上进心与职业精神。

思思是一家外企职员，公司虽然规模小，但老板的客户大多是外国人，基本上以日本人为主。思思的日语勉强过关，并不标准，难免在商务谈判中存在着沟通问题。因为都是些国外客户，很多事情需要老总亲自出马，新招进来的翻译没有经验，更不懂得业内的技术问题，老总心里很着急。偶然，思思在帮老总打扫办公桌时发现老板的抽屉里居然放了本《标准日本语》，思思恍然大悟，原来老板是在自学日语啊！看着老板这么焦急，思思下定决心，自己也学起了日语，还报了个日语培训班。她暗暗地与老总较起劲来，看谁学得快。两个月过后，思思用简单的日文跟老总打招呼，老总大惊，问她是不是从日剧上学来的那几句。她把自己自学日语的事情向老总说了，老总大喜。几天过后，思思就被提升为公司里最年轻的业务主任。

像思思这种愿意与公司一同成长的职员，老板不欣赏，还会欣赏谁呢？

3. 向老板说出你的目标

或许每个人都在做事，但并不一定每个人都有目标。目标明确的人生，可以一马平川地走下去，不会因为迷茫而停滞。然而在职场上，可以利用为工作策划的机会向老板表达你要达到的最终效果，让老板看到你的决心。当然，说到必然要做到，也让老板看到你的能力。这样不仅能让老板感到欣慰，更能赢得老板对你的肯定。

4. 适当地协助同事

在企业里，分工一般都很细致。也正因为这样，在工作的空闲时间帮助同事完成任务，能够在公司树立很好的口碑。而且老板也觉得这样的无薪帮忙是在替公司着想，不仅很有责任感，还具备很好的道德。

5. 上班不落人后,下班不在人前

很多公司有这种情况,上班时员工拖拖拉拉,但却会提前半小时准备下班。边收拾东西边偷瞄老板的动态,还差几分钟到下班时间,趁老板不注意,偷偷地开溜了。其实偶尔发生这样的事情,老板可能看不见,可次数多了,老板能不知道吗?他不吭声,只是不想说,内心其实非常厌恶此类员工。不管工作效率怎样,首先这是工作态度问题,这样的人不仅没素质,也带有爱贪小便宜的作风。相反对那些下班还在处理文件或收拾桌面的员工,老板会特别喜欢。

既然人无完人,在职场上想获得自己的一席之地,就要懂得在恰当的时间与地点隐藏自己的缺点,并展示自己的优点。好好地掌握上述几种方法,好好地把握每个自我展示的机会,总有一天,你会成功。

出色地完成工作任务,表现对上司的忠诚

不得不承认,如果你还不是董事长,就避免不了在每天的生活中充当一个执行者的角色。当我们进入一个企业,企业的规章一般都会有这么一条:“对上司,服从是第一位的”。老板的命令首先当然是服从,再者就是执行。上级命令下级,下级服从上级,是开展工作的首要条件。当然,那也是上级衡量下属的一把标尺。

有时候老板的命令并非合理,但是作为一名小小的员工,不满的情绪可以有,但绝对不能暴露出来,更不能直接与之对立。毕竟你是员工,他是老板,你还没有资格对老板的决策指手画脚。调整好自己的心态,把坚决执行命令当做是第一原则,也不失为明智之举。你可以不认同领导的观点,但你

必须懂得，在企业里，服从才是首位。

聪明的员工有很多，企业化管理的目的就是要把聪明的员工标准化，企业自有一整套完备的管理体系，领导希望每位员工都能听从管理，按照规定执行命令。

曾经有一位很刁钻的夫人想吃桃子，就叫新来的丫鬟去买。她对丫鬟说："你一出这门往南走，走到第一道桥，桥上有个卖桃子的，你去买几个回来。"丫鬟就往南走，结果没有看到桥，更没看到卖桃子的。后来才知道卖桃子的人今天去了北边，丫鬟只好空手而回。夫人骂她愚蠢，怎么不去北边买。丫鬟不敢吱声，久久才低声说："您又没叫我去北边买。"夫人更气了，骂她蠢得没药治了，脑子一点都转不过弯来。丫鬟只能一肚子委屈。

在别人手下做事确实不容易，更不简单。但若故事中的丫鬟真的自作主张去北边买了桃子，说不定夫人更生气，说北边的桃子不好吃。不仅要挨一顿训，还觉得这丫鬟心眼儿活，诡计也多，就更得不偿失了。

其实每位老板都希望自己拥有一批聪明又听话的员工。聪明的员工会把老板的命令执行得很完美。但决策难免有失误的时候，常常是做事的手下最容易发觉。遇到这种情况，有人会直接向老板提出。如果老板不忙，说不定愿意听你多说两句。可一般情况下，老板的时间都如黄金般宝贵，当你上前提出你的看法时，老板眉头都是深锁的，表面不好发作，心里可不耐烦了。或许老板有老板的想法，没有哪个经常违背老板意愿的员工能得到提升。

小李刚进入一家制衣公司当销售主管，因为前一年的销售量并不怎么理想，仓库里堆了很多一年前的服装。没想到这段时间老板又把生产目标提高了，比前一年增长了一倍多，可并不见老板招聘销售人员。若是销售量没有升上去，而同时又在拼命生产，那今年卖的只能是去年的积压货，今年

生产的只能拖到明年。小李最终沉不住气了，直接到老板的办公室与老板长谈了一次。小李的情绪一下就爆发出来了，说老板这种大量生产的方式不妥。不给销售部增加新的销售人员，只能导致仓库里的存货越来越多，而公司的利润只能一减再减。他觉得这两年的服装在制作工艺上要改革一下。除此之外，他还一股脑地提出了好几套自己草拟的方案。老板一言不发，只是听着，时不时地点点头。走出办公室，小李高兴极了。虽然老板并没有马上确认实施自己的方案，但这么好的方案老板自然会考虑的。过了几天，老板就从人才市场领来了一位销售主管接替小李的位置，小李被老板正式辞退，原来老板在网上已经联系到几家更大的客户。

老板的心确实是阴晴不定，让人难以预料。但只要我们坚守他的路线，做好自己本职的工作，也不会引起太大的风浪。小李身为销售主管，公司的产品销售不出去，还在老板面前指手画脚。作为执行者，还是循规蹈矩为好。老板只相信一句话，“顾客永远是对的”。而我们的心里也有另外一句话，“老板永远是对的”。没有哪个老板不喜欢一心一意按自己的想法办事的员工。只有让他看到你的忠诚，按他的想法去实现目标，就算有时不能保证是对的，只要你按他的说法执行，那也会让他看到你的忠诚。只有当老板在决策会上需要征求意见时，大家可以畅所欲言，发表观点。一旦领导决定了执行命令，你就必须去执行，这也是一种职业精神。

女人有责任感，工作才能做得完满

责任永远是一个备受关注的话题，我们的生活中不能缺少责任，我们的

工作更是离不开责任。做一个有责任感的人，是社会赋予我们的要求。要体现一个人的价值，首先得看这个人身上背负的责任，有责任心的人更能赢得周围人的好感。

在工作中，想赢得老板与上司的好感，就要让他看到一个对工作负责的你。翻看我们的简历，几乎每张简历上都有关于责任心的描述。

俄国作家托尔斯泰曾说："一个人若没有热情，那将一事无成，而热情的基点正是责任心。"在工作中，让老板看到你的责任心，就像看到你对工作的热情。没有哪个老板不喜欢有热情又有责任心的员工，也没有哪个老板不重视有热情又有责任感的员工。

某公司的一位主管吩咐女下属帮他查些资料，当时下属正在翻看与此无关的娱乐网页，连忙回答说："好。"过了一会儿上司看到女下属还在一口一口地品着茶，不时拿出镜子照照。上司低"哼"了一声又催了一遍，结果女下属才懒洋洋地转过身，打开电脑拿出笔做记录，一面写一面还埋怨网速怎么那么慢，查点东西都这么费劲。主管听到了很生气，开口大声训斥："你明明有很多事情要处理，还有心情看娱乐新闻？叫你查点资料，却埋怨网速太慢。你打开那么多网页，这网速能快吗？"女下属心里不平衡，表面没说什么，但事后对公司的同事抱怨说："主管的态度极为恶劣。"这事传到了主管的耳朵里，过了几天女下属还没通过试用期就被辞退了。她跑去跟主管理论，主管说："我们公司不需要你这种不负责的态度。"

其实责任感并不一定体现在什么大事上，从小细节上就足以看出一个人的责任心。就像这位女下属一样，做了并不等于负责，负责是一种对工作认真的态度，拖延或敷衍工作，即便完成了工作也不能说是个有责任感的人。另外，职位越高，责任越大。一个没有责任感的人，永远不可能成为工

作中的佼佼者。

A和B是同一家模具公司的生产科科长，因为生产设备没有及时查看，导致一名员工意外受伤。老板把A叫到办公室，询问当时的情况。A说："我们都是谁后下班，谁就去查看机器设备的，有时候是我，也有时候是他。昨天晚上我刚好比B先走，可能是他忘记了或没有注意，这也不能怪我吧！"老板平静地说："嗯，我知道了，那我问一下B，看到底是怎么搞的。"B去了办公室，老板正恶狠狠地瞪着他。B很惭愧地说："昨天因为我老婆生病了，我女儿在学校没人去接，下班匆忙，才忘记去车间检查，是我失职，我愿意接受公司对我的处罚。"

两人都在等待着领导的处罚结果，可是结果几天也没有下来，A心里着急，便跑去老板办公室询问。老板说："情况我都知道了，公司打算向B罚款100元作为这件事的处理结果和教训。"A脸上情不自禁地露出一分喜色。老板接着说："但是，你明天可以不用来上班了。"

其实如果A也像B那样检讨自身的失职，结果必然会有所不同。事故的责任不仅仅是在于B，A也有责任。是人就难免犯错误，但是犯了错误就该承认，既然错误已经造成了，不管我们能否承担得起，都应该肩负起自己的责任。若公司每个人都像A那样不承担责任，那整个公司的管理制度就如一张废纸，毫无分量可言。

你是怎样的人，就会承担怎样的责任；你选择了怎样的工作，就得承担相应的责任。责任在我们心中永远意味着正义，而有责任感的人在我们的心中永远意味着优秀。

有责任感的人生活不可或缺，社会不可或缺，职场也不可或缺，做一个有责任感的员工，不仅会受到老板的赏识，更可以在我们的脑海中形成一种

意识，让我们表现得更卓越。

专注的女人更美丽，偶尔的小错误老板不会责怪你

有人说，男人专注于工作时很酷，而女人专注于工作时会更美。这话说得一点都没错。

作为上班族的我们，按时上下班，每天都是固定的生活模式，甚至有时工作内容也是固定的，难免让人感觉生活的枯燥及工作的烦闷。所以就有很多人开始放松自己，尤其在办公室里，老板不在时，就可以看见有的同事拿着茶杯在开水机旁晃来晃去，有的摆弄自己办公桌上的花盆，有的甚至大声放着音乐，把办公室当茶馆或休闲室，然后老板一进门，"哗"的一下，一瞬间都盯着电脑，装模作样地翻阅资料，其实资料上与网页上的字一个都没看进去，工作完全处于松懈状态。这样不仅不利于工作效率，老板也会很不高兴。

我们先不讨论他们的工作效率，首先看他们的工作态度，懒懒散散，简直就是一群无聊空虚透顶的人物，这样的人本来就不具有什么性格魅力。很多人往往很讨厌这种同事，但是自己常常也是他们中的一员。老板与上司对办公室的这种状态简直就是厌恶，那气氛就像是奄奄一息的动物，没有挣扎，更没有斗志。

女人最美丽的一面是认真，女人最动人的一面则是专注。

雅洁在一家公司做软件开发。雅洁的办公桌的后边放着老板花了3000多块钱买的一个插花的瓷器，所以她工作疲惫时，就会去欣赏一下瓷器。因为有一个大项目已经策划很久了都没有弄好，这段时间她总是加班加点，一

工作起来雅洁的脑子只有编程与数据，就在软件快要成功问世时，突然出现一连串莫名其妙的错误数据，一瞬间这个工程全部瘫痪了。她为此很焦虑，而且不开心，就连老板也安慰她。于是她又振作起来，重新研发这款软件。有了上次的经历，她完全可以少走很多弯路了，结果没用多久软件终于被研制出来了，她一时间抑制不了兴奋的情绪，在座位上来了个华丽的转身，大声叫着："老板过来看！"正是这个华丽的转身，随着一声"砰"的响声，众人都惊呆了。原来后面的花瓶被老板挪动一下，3000多块钱的花瓶被自己一个不小心给打碎了。这可是她一个月的工资啊！可是老板并没有责怪她，这让她更觉得尴尬，事后一直找老板说要用工资赔偿公司的损失，老板笑笑说，"不就一个花瓶吗？一个花瓶能换得员工一心一意为公司工作吗？我喜欢你这样专注工作的女孩。要赔偿的话，下次请我吃顿饭就好了。"

一个人能真正专注工作，说明这个人已经把工作当成了一种乐趣。只有在工作中寻找到乐趣，才能在获得一些小小的成功时感受到无尽的满足与喜悦。工作中的满足与喜悦能折射出一个人的泰然心境，泰然才能知足，知足的女人最幸福，也是最美丽。并且，最重要的是，老板喜欢这样的员工。

专注地工作不仅仅会平添女性的形象魅力，最重要的是还可以提高我们的工作效率。一个没有专注精神的员工，整天忙着自己的三产，把上班当成混日子，这样的人业绩根本就无法提上去，更难得到提升。所以当别人在消磨时光时，我们更应该好好表现一把。有一个成功的企业家曾经畅谈过他的一些经验。那时企业家还是一个刚刚毕业的小伙子，刚进公司不久，就发觉公司里的人都是在混日子过，并不像他在学校中想象的那样：到处都是激烈的竞争。但是他和别人不一样，作为新人的他很努力地学习公司的业务，每天加班加点，短短一年时间过去了，他的业务水平进步得很快，不久就

成为了公司的“顶梁柱”，很受老板的器重，就如老板所说，“他已成为我的左膀右臂了”。

任何时候，只要我们走进办公室，就不能让自己有松懈下来的时候，用心工作就是我们的使命，也是我们提升自己的工具。每个人的成功都得需要时间磨砺，无聊者不可能成功，成功者的头脑是充实且繁忙的，工作时更是认真而专注的。

把公司的事当作自己的责任，触动老板的心

员工是公司的重要资产，对公司的发展起着非常重要的作用。当然员工的发展也离不开公司的发展，两者之间就如同鱼和水的关系，密切相关。所以当我们为公司着想的时候，也就是在为自己着想，想得到更好的发展，把自己当做公司的主人，也未尝不是明智之举。关爱公司就是在关爱自己的老板，而关爱老板就是在关爱我们自己。做公司的主人，并不是我们一味的奉献，而是在投资。

姚婷新来到一家企业做培训讲师，因为公司离租房的地方太远，所以一般午饭都在公司里解决。有一天身体不舒服，但又因一批新来的员工等着培训，不得不强撑着来上班，中午没去饭堂吃饭，而是坐在办公室里小睡一会儿。等到一点钟时，有人敲开了办公室的门，原来是一位40多岁打扫办公室的阿姨，她一进门就笑着说：“姚老师，我上午给你办公室打扫卫生时就看到你精神不太好，一定是身体不舒服。又见你中午没去饭堂吃饭，我现在来上班，就给你带上来了。”姚婷完全没有想到，公司里居然还有一位打扫卫生

的阿姨会给她送饭，这完全超出了她的工作范围啊，她感动极了。之后又听阿姨说，“吃吧，咱公司食堂的饭还算可以，我之前待的那些工厂，连肉沫都看不到呢。”说完阿姨带着笑容去工作了。姚婷捧着饭，心里感慨万千。她想，阿姨关心的绝不只她一个人，而是公司里所有的人，是什么信念驱使她如此细心，肯定不是老板让她这样做的，这不是她的工作啊。后来听别人说，那位阿姨在公司已经工作了8年了，她对公司里的每个人都是这样。据说，老板给那位阿姨每年的年终奖和红包不低于5000块。姚婷又一次被震撼了。后来，姚婷与老总谈话时无意中提到了这件事，老总只是笑着说：“能拥有这样的员工，是我们企业的福分。”

正是因为阿姨把自己当成了公司的主人了，她才会不知不觉中关心着办公室里的每个人。当然也正是因为她有这种精神，老板才会给她那么高的奖金。阿姨没有能力帮老板分担其他公司的事务，更没多大能力帮老板争取更好的利益，但她却从另外一个方向博得了老板的好感。

每个公司都需要这样的人，当公司出现了这样的人，老板肯定会当宝贝一样对待，值得公司培养的也只有这种人。真正具有主人翁意识的人，不仅会把分内的工作做好，也会不计得失地帮助公司其他员工，这种类型的人老板就算提着灯笼去人才市场里找，也未必能找到。当然还有一种人，也把自己看做是公司的主人，视公司的财产为个人财产，想拿便拿，想用就用，这种对公司财务挥霍无度的人，是让老板非常厌恶的。

珊妮在一家外贸公司上班。炎热的夏天，老板购回两台空调，其实在小小的办公室里，温度开低点，一台空调就已经够用了。同事说要关掉一台，珊妮开玩笑说：“关掉干什么，反正电费是老板的，不开白不开啊！”同事对她挤了挤眼睛，她却莫名其妙，原来她说的话刚好被准备出门的老板听见了。

只见老板阴沉着脸，脸色非常难看地走出办公室。到了年底发工资时，珊妮的奖金果然少了一些，为此她懊恼不已。

有时候我们不必有惊天动地的作为，只要一点只言片语，一点小小的举动，也能打动老板的心。也许我们现在还没机会，不能建丰功立伟业，那就多关心公司花花草草，多关心一下公司耗材情况，把公司当成自己的家看待，像爱护自己的家一样爱护公司，凡事为公司考虑，就是在为自己考虑。即使你所做的这一切现在老板还不知晓，总有一天他们会看见。到时候，你在他眼中的地位必然会得到提升。有时候付出，并不是没有回报，而是所有的付出都要有一个沉淀回报的过程，总有一天，你会看到它的价值所在。

制造"完美"，主动向老板展示你的价值

有的女性就是不服气，为什么别人长相一般，学历一般，却能钓得金龟婿？而自己各方面都很出色，却找不到出众的丈夫？其实，这跟职场上的女人是一样的。为什么有的女人容貌平平，能力一般，却能升职又拿高薪？而自己各方面都比她强，却只能做她的下属？有的人在公司里做了很多年，眼看着那些比自己还后来的员工从文职升到主任，从主任升到经理，又从经理升到副总。再看看自己，每天原地踏步似的坐在同一张办公桌旁，做着重复的工作。这就是人与人的差别。你并不一定比别人差，但是升职的人却恰恰不是你，这说明她们的成功自有她们的诀窍。你与她同样站在老板的面前，往往老板看到的全是她的长处，而你往往有许多不足。正是因为她们懂得如何在老板面前发扬自己的长处，避开自己的短处，让老板看到她们完美

的一面。谁都喜欢完美,谁都不会拒绝完美,老板当然也是一样。

世间当然没有真正完美之人,所谓的完美只是懂得如何扬长避短,懂得扬长避短的人才是聪明的人。

7月,柳玉顶着烈日,冒着酷暑,一头扎进了求职的"攻坚战"。柳玉是某名牌大学的学生,可是在好几家公司面试都失败了。这一天,柳玉在江苏某投资管理有限公司的招聘台前坐下来,开始了她今天求职的第一站。招聘人员扫了一眼她的简历说:"你有10个月的文秘实习经验,那你说说文秘都要干些什么工作吧?"面对面试官的问题,柳玉大致说了一下有关文秘方面的工作,这些工作都是普通文秘人员都要接触的工作内容。经过一番初试之后,面试官终于在她的简历上写下了"文秘"字样。虽然投出了第一份简历,柳玉却不抱什么希望,她说:"估计没戏,说要2年以上工作经验,而我只有8个月。"果然不出所料,一星期之后该公司依然没有给她任何回复。

柳玉面试时犯了一个不该犯的错误,本来在那家不一般的单位实习已使她处于优势地位,她却一带而过,叙述的都是一些普普通通的文职工作,并且还为自己的工作时间不够长表示出很大的自卑感。

善于扬长避短会使同样的条件产生不一样的效果。甚至有时候条件不怎么优秀的人,经过扬长避短的修饰,也能让她显得与众不同。但是有些人恰恰没有注意到这点,在很多场合造成了较多的困扰。

在职场上,没有哪个老板愿意撇开员工的能力而去看他的短处,所以懂得把自己的长处发挥出来,老板才能发现你比别人更出色。大家都说成功没有捷径,但是适当地扬长避短,绝对可以成为成功路上的助力器。想挑战职场,先挑战自己,知己知彼才能百战百胜。想要战胜别人就应该先认清自己,必须十分清楚地掌握自己的优势和劣势,再进行扬长避短,方能旗开得胜。

世间没有哪种事物是完美的，但是经过改造就能造出完美来。对于职场中的女人来说，在不同的场合能做到扬长避短，不仅能渐渐地将短处弥补，甚至还能将短处变成长处。世界上的人没有绝对的完美，只要发挥自己的长处，弥补自己的短处，你的人生也就堪称完美了。

牢记公司制度，严格约束自己更得上司心

一个游戏不能没有规则，就如同一个组织不能没有纪律一样。公司是一个组织，公司制度是必不可少的。有句俗话说，“没有规矩不成方圆”。没有约束，人类的行为将会变得混乱和不负责任。

每个公司都必须配有完善的规章制度，公司的管理制度是公司追求最大效益的保障，是进行正常生产所必需的。公司的制度约束管理者和被管理者的行为规范，其目的也是使公司获得最大利润并实现可持续发展。所以为了公司的可持续发展，员工都有义务按照公司的规章制度办事，作为管理人员，也应该用公司的规章制度来约束自己的行为，管理下属的行为，这是每位公司管理人员的责任。

小城里开了一家家具公司，规模有100多人，但厂房的占地面积却相当大。近几年来，小城的地皮价格只涨不降，购置了这么大面积的地皮，可见老板是有雄心与眼光的。可惜谁都没有预料到该公司竟然在两年后规模缩减至20几人，这是为什么呢？原因是该公司一直存在着一个很大的弊端。这家公司开在小县城，公司的许多管理人员都是老板的亲戚和朋友，所以公

司里的员工大多是亲戚的亲戚或朋友的朋友。亲戚与朋友本来就属于平等关系,管理起来总觉得不太好,如果员工不遵守制度,而管理员不按制度办事,那只能使公司的管理制度空有虚名而无执行力。一个公司一旦制度不起作用,就等于对员工没有一点约束力。

在亲友面前,制度显然只是一个挂名的东西,亲戚若总是违反公司制度而不会受到处罚,那么其他人员就更不好管理了,这是管理者与执行者的失败。其实公司的最大祸根就是没有一个完善的制度管理体系。当然,光有完善的制度还不够,还需要强大的执行力,不能因为徇私而破坏了制度。就像当年诸葛亮挥泪斩马谡一样,马谡违反了军规,必将受到军法处置。当然,公司里并没有那么严重。但在制度面前,人人都是平等的,只有坚持履行制度的团队才能有秩序地运转下去,对于一个公司更是如此。

露露凭着较高的学历和过硬的专业知识,进入一家电子厂做行政文员。工作的第一天她就接到通知,说次日有大客户要来访,叫她通知各个部门及办公室人员做好接待工作。并且要求在次日上班时,每个人必须穿厂服和戴厂牌。次日上午,大客户果真来了,露露很满意自己布置妥当的会客室,经理很礼貌地带着客户在公司里转了好几圈。正在这时,只见一个40多岁的男人身着便服,穿着拖鞋就走进了办公室。露露觉得这肯定不是客户,哪有客户这样来别家公司参观的,于是立即把这位男子拦了下来。她很客气地说:“先生 ,请问您是本公司的员工吗?”男人答道:“是的。”露露有些生气了,说:“您不知道吗? 公司规定每位员工上班必须穿戴制服和厂牌,您知道这样会对您造成什么样的后果吗?”男人没说话,只是微笑着听露露继续说。“更何况现在有客户在办公室里参观,您这样不能进去,您需要……”没等露露说完,就看见经理匆匆忙忙地跑过来说:“陈总,我已经带客户看了一下公

司周围的情况，现在正在会客室等您呢！”露露差点没晕过去，原来这位就是大名鼎鼎的陈总经理。还没等露露反应过来，只见陈总往会议室的方向走去，还不忘回头看了露露一眼说：“回头给你加工资。”

没有哪个老板不喜欢遵守规章制度的员工。在制度面前，总经理也要对一个小文员礼让三分。捍卫公司的制度，也是为公司能够更好的发展做贡献。若是在职场，按规章制度办事，就不会让人抓到把柄。不管在任何时刻，牢记公司的制度，有时就是我们在职场上的方向盘。

第08章 女人做事拿捏有度，既守原则也要懂圆融灵活

身在职场，女性的身份是把双刃剑。在做好本职工作的前提下，女人与上司之间如何相处也是个棘手的问题。每个女人心中都有属于自己的职场规划，那么在种种压力下，如何做到与同事融洽相处，让领导器重，又不会被一些“绊脚石”所绊倒呢？赶快来学习灵活做事的方法吧！

❋女人懂得双赢,才能笑傲职场

许多职业场女性,凭着自己的一时的威风,坐上了领导的宝座,令很多办公室女性心驰神往。其实别看她们表面风风光光,其实内心也有一堆难言之苦。尤其是身为中级阶层的女领导,必须承受工作压力,还要平息公司有关自己的不良舆论。有的人善良,有的人善妒,当你取得一定的成绩或得到上级的提携时,善良的人为你高兴,而善妒的人往往会有刁难与不服的心理,从而影响到你工作的情绪和效率。从而出现了职场上的"双面人物":一面做事讨好老板,一面做事讨好其他员工。"双面人物"的称号大多数不是褒义的,它带有贬义的味道。我们要巧妙做人,还不如巧妙做事,从巧妙做事体现你做人的巧妙,达到一举两得或双赢双收的效果。怎样在职场上取得双赢呢?一定要做到以下五点。

1. 说话前先考虑

病从口入,祸从口出。办公室里的明争暗斗,似乎让每个人都变得很"孤独"。你的一套时装可以让办公室每个人都持有不同的看法,就像你的每句话都会影响办公室每个人对你的看法。俗话说,没有不透风的墙,所以说话一定要小心,有时候说者无心,听者有意。一不小心,就会让别人抓住你的把柄。如果你是下属,你对上司说话时就要谨慎;如果你是上司,你就要顾全每位员工的感受。下属对上司说话不谨慎,必将遭到上司的鄙夷;领导说话不周全,必将遭到员工的埋怨。在我们说出每个字之前,一定要考虑在先,让每句话在心中有个度。

2. 不要急于下结论

遇事不要急于下结论，这是做事的重要原则。在工作中难免会遇到一些需要做出判断的事情，千万不能急躁，即便心中已有答案，也要三思而行，特别是在针对某个人的时候，一定要慎之又慎，否则一旦结论出错，或者错怪好人，那会造成无法挽回的后果，到时候追悔莫及。

3. 大事化小，小事化了

大事化小，小事化了，正是与人为善的表现。有工作的地方难免有压力，有合作的地方难免有冲突。总是揪着小事不放的人没有度量，心眼儿小，很难让人产生好感。做任何事都要给他人足够的信任和理解，没有人成心把事情搞砸。做错事的人本身已经意识到了自己的错误，已经在内心受到谴责和煎熬，又何必再揪着人家的失误不放呢？俗话说"与人方便，与己方便"，试着将大事化小，小事化无，那么别人也会以同样的方式对待你，实际上你也是在为自己以后铺路。

4. 明白游戏规则

职场游戏，公司制度便是规则，根据制度本本分分地做事，永远明白拿了老板的钱就该做好自己的事。你管下面，上面有老板管你，分清立场和对象，识别事件轻重。对上司服从是第一，对下属管理是关键。理清个人关系，确定发展趋势，做自己能承担的事，不做自己控制不了的事。

5. 摆正自己的心态

在老板手下做事，就要扮演好平凡员工的角色，踏实地做好老板交代的每件事。想建高楼需打好地基，妄想建造空中楼阁，好高骛远的思想是非常不明智的。正所谓伟大出于平凡，美丽来自创造，人要踏踏实实，少抱怨，多做事。只有积极热情地对待生活，那么生活才会积极热情地对待你，万不可

对生活失去激情。

另外职场工作中的细节也是不可忽视的，一些很小的好习惯和平时养成的良好作风或许就能为你的成功加一个砝码，一个微笑或不经意的举手之劳也能为你锦上添花。凡事从不同的角度考虑，思维才能更开阔，想得才能更周到。熟悉职场做事的规则，将这些规则渗透到你的每一个行动中，你很快也会成为一名笑傲职场的赢家。

提高工作效率，做一个专业的职业女性

“效益”二字，在企业中已成为衡量员工价值的标准，公司给予的薪酬往往也与员工创造的效益挂钩。因而追求效益不仅仅是企业的事，公司效益好，员工的福利待遇就好；自己创造的效益高，工资和奖金就多。所以员工们也在尽心费力地想办法提高效益，从而增加自己的薪资。

作为职场女性，入职时的门槛就比男性高，工作效益是老板认可你的唯一标准，想让老总的眼前一亮，就必须在最短的时间内高标准地完成他给予的工作量，那么怎样提高工作的效益呢？

1. 制作一个工作表

每月制作工作表，让自己按照工作表上的计划去执行。有计划的工作，能使当月所有要做的工作一目了然。如果事情太多，不妨按照星期来规划，分清工作内容之间的联系，思考好了再去做。学会举一反三，只有有计划地工作，才能获得想要的结果。工作最忌讳毫无目的的工作，好像什么事情都在做，又好像没一件事情做好了，这样很容易跟不上工作进度，给工作带来

困扰。

2. 寻找突破点与重点

想提高工作效率与效益，就得学会寻找工作的突破口与重点。工作若没有一个突破口，那只是在盲目地工作，不知道自己的工作质量要达到怎样的要求；而寻找一个重点尤为重要，工作没有重点就像物品没有中心点，就不知道哪边重哪边轻，只会浪费时间。

3. 取长补短

其实，不管是在工作中还是在生活中，自己心中都要有一个优与良的定义标准，深知自己的优势与劣势，才能有针对性地查缺补漏，做好每件事。有自己的判断标准，我们才能把握自己的长处与短处，发挥自己的长处，规避短项，工作才能得到全方位的提高。

4. 利用琐碎时间

别人说，时间在哪里，成就就在哪里。工作除了重要的事之外，必然也少不了一些琐碎的杂事。有的人甚至有很多空闲的时间，无聊度过。不会利用时间的人无疑是在白白地浪费资源。公司需要管理，哪里有漏洞补哪里；时间也需要管理，哪里闲暇用哪里。每个人都在忙碌中成长，没有哪个人会在无聊中提升，利用琐碎的时间规划工作，效益自然会升上去。

5. 多归纳总结

重复性的工作为什么一次比一次好，那是经验积累的结果。做事前先计划，做事后勤总结，那下次做类似的事情必定事半功倍。通过个人的工作总结来回顾工作中的技巧与方法，分析工作的疑问与缺憾，使理论与实践提升一个高度。确认已取得的成绩，提出应汲取的教训，以便今后做得

更好。

在竞争如此激烈的环境中，高效是工作追求的目标。只有高效才能促进企业有更好的发展，良好的工作效益并不是说想达到就能达到的，它需要有一系列的方法，加上长时间的坚持才可以，当然还要保持良好的心态。心态是做事动力的根源。积极进取，不断积累，如同去深山老林里探险，第一次难免会走最远的路，第二次至少有了方向感而使进度更快，等到第三次时，你自己都会考虑它是否有近道，近道的路口在哪里了。对工作进行探索与思考，你的效益提升的才会明显。

提高工作的效益，需要积极采取行动。整天坐在办公桌前埋怨效益为什么总不好，却不研究原因，你的效益永远只会停滞不前。方法与技巧不是空想来的，而是通过不断探索与实践，经过一次次的失败总结出来的。看山林多选几个高坡，看问题多选几个角度，做事多思考多研究，效益必定就会提高。

与男上司相处，女人要拿捏好分寸

虽然现在独自创业的女强人渐渐增多，但开创事业者还是以男人居多。老板是整个公司的尊荣，整个公司的领导者，也是成功男人的代表。

女员工与男老板相处，既有便利之外，也有不便的一面。毕竟男女有别，要想像同性之间毫无顾虑地一起做事，恐怕不易。男老板和女员工两者之间的关系，拿捏好度是关键。女性与男老板相处时，到底应该注意什么呢？

1. 外表优雅，举止大方

无论走到哪里，外表优雅且举止大方的女人都是备受瞩目的，不管是办公室里还是谈判桌上。首先服饰一定要得体，举止一定要大方，不能扭扭捏捏，特别是对于能力型的男老板，这不仅会让他怀疑你的工作能力，还让他怀疑你的心态，反而遭人反感。女人的外表不仅要让别人觉得楚楚动人，还要让人觉得内涵深刻，你的每句话，每个动作，要大方更要自然，展示你的美，熟练展示你的能力。

2. 不得过分亲近

即使是工作的需要，终究记住男女有别这句话，过分亲近易遭人闲话。即便你没存那种心思，遇到一些爱搬弄是非的人，难免会有流言蜚语传出来。如果老板作风优良，还没什么，若遇到不正派的老板，说不定会让他觉得你是另有意思，而引发一些不好的遭遇。就算是为工作上的事，你稍不注意与男老板过于亲近，也会引来同事的侧目。与男老板相处亲近而又保持距离，不管是从哪个角度来看，都会使其愉悦而不厌烦，这也是女性魅力持久的关键之一。

3. 不可过分卖弄

卖弄聪明有时候可使气氛活跃一些，但过分卖弄只会令人反感，"卖关子"也要有个度。卖弄本就是一种自作聪明的表现，才学需要展现，不需要卖弄。没有哪个上司会重用一个喜欢卖弄聪明的下属，这样只是在表现自己比他更高明，反而让他觉得你太浮躁了，这样你的形象必将大打折扣。

4. 不可太嗲

女人偶尔发一下嗲，散发一下小女人的魅力，掌握好时机，偶尔嗲一次没什么问题，但是这一招绝不可滥用，用多了别人就会觉得你太假了。女

下属在男老板面前过分发嗲，只会让人觉得过分做作，反而令人作呕。因此想做男老板的好秘书或好助理，还是要有过硬的实力，掌握实际的应用技术。

女性与男老板相处，是一门值得深入探讨的学问。都说英雄难过美人关，一个精明能干又才华横溢的女下属，自然会吸引男老板或是男上司目光。首先，要摆正自己的立场，要懂得自重自爱，只有自己尊重自己才能获得他人的尊重，与男上司保持一定的距离，这个距离不能太近，又不能离得太远，以免不利于融洽地处理上下级的工作关系。工作关系和个人情感之间的距离，一定要把握好，以免引起一些不必要的麻烦。

当然，随时随地保持清醒的头脑，正确处理男老板与女员工的关系，保持男女之间的距离，又要利用异性相吸的优势，工作才能稳稳当当地进行。

职场上也有冷美人的说法，美是亲切，冷是距离，不能落后，也不能超越，给自己设立好拿捏的度，这才是真正白领丽人的成功之道。时刻保持职业女性的自尊、自强与自信，这道美丽的风景线才能好景长在，事业之路才能越走越顺畅。

女人懂得低调，才能与上司更好地处事

经调查结果显示，很多女性都愿意自己的上司是男人，而不是女人，且女性遇到女上司往往比遇到男上司所产生的矛盾要多，也许正应了“异性相吸，同性相斥”的定律。我们与女上司相处时，万万不能把与男上司相处的

那一套做法搬出来，否则只会让效果适得其反。

男人都喜欢有魅力的女人，而女人却不喜欢比她更有魅力的女人。在与男上司打交道时，往往力求始终展示自己最有魅力的一面。你若把这招也用在女上司身上，不惹人讨厌才怪。上帝给了女人一个小小的缺点，就是敏感善妒。通常即使你的能力很棒，也最好不要在女上司面前表现出来，否则很容易受到女上司的打压，因而与女上司共事会有一些不便之处。

一般职场上的女领导都是雷厉风行且干练精明的女人，对下属的管理也很严格，下属一旦出错，女上司往往比男上司更喜怒无常。女下属面对挑剔的女上司，也会觉得难以忍受，因而女上司与女下属相处起来确实麻烦多些。

作为一名女性下属，想和自己的女上司真正做到相处融洽，关系要好，那还是要自己摆好心态。我们不妨将女领导当做自己崇拜的偶像来看待。在现实中，这些女领导确实有不少值得我们学习的地方，她们的工作经验及交际技巧值得我们借鉴，我们把她们当做学习的对象，自然很多束缚我们的困扰就能释怀了。

小米的上司正是一个30多岁的女人。因为小米刚从学校毕业没多久，初涉职场，处处还都是一副三好学生的样子。女上司也对她特别友好，还经常叫她“小妹”，特别亲切。因为工作出色，两人相处默契，使女上司经常在老总面前称赞小米。屡次这样，老总也注意到了小米，而且对小米印象颇好。在后来的工作中，只要老总碰到小米，都会主动跟她打招呼，甚至还开几句玩笑，小米非常开心。为了引起老总的注意，小米在工作中开始在意自己的形象，时尚衣服买得越来越多。一次公司策划会上，小米更是表现出

色，结果全体人员的策划都被老板打了回去，唯独她起草的策划案实施了，小米被老总夸赞了一番，在一旁的女上司却一声不吭，脸色难看。虽然会后女上司并没有表现出对小米的不满，却渐渐疏远了小米。有时候交代的事情也一带而过，小米请教她问题更是一脸不耐烦，小米感到工作变得棘手起来。

女人不愿意看到别人比自己优秀。小米不了解这一点，她不仅从衣着上有所改变，更是在工作中锋芒毕露，这样做盖过了女上司的风头。这是女下属最应该懂得的禁忌，女下属面对女上司要有自知之明，你只是上司的下属，风头该由上司出，即使老板表扬你几句，也不该得意忘形，应该说是领导教导有方，这样自己既受了表扬，也维护了女上司的面子。

大部分女领导比下属拥有更多的涉世经验和生活财富，但女下属往往拥有美丽与青春。每个女人都爱美，爱美是女人的天性，女上司也不例外。在某些场合，我们是不可以去超越我们的女上司的，否则只会让女上司觉得自己在抢她的风头，反而给她留下不好的印象。

一般女上司往往比男上司更注意细节，因而我们要谨慎小心。女人无非爱漂亮，喜欢被关注，偶尔夸她下气质很好或衣服很有品位等，或许她表面没什么表情，但是心里绝对会乐开花。

也有人认为，女下属在女上司面前做事，无须考虑性别问题。偶尔把自己当成“假小子”也未尝不可，既不会让女上司的虚荣心受到侵犯，更能得到女上司的宠爱，这也不失为明智之举。

如果你的女上司很和蔼，不妨多交流沟通，让彼此感应对方。如果你的女上司很严厉，那么请保持微笑，向她展示你的友好，因为没有人会拒绝友善。

做事大度，不为小事小利所牵绊

生活离不开物质，而工作更离不开利益。只要我们工作着，就希望获得相应的报酬，这是正常工作的基本原则。然而，要想在工作中占有自己的一席之地，就不能过分计较蝇头小利，过分计较的人通常会招来别人异样的目光。当然在老板面前，这更是大忌。

从古至今无数案例都在证明同一个真理，一个人的品质决定了一个人的成败。一个人想获得多大的成就，就必须拥有多大的胸怀。总喜欢为一些小私利而计较不休的人，他们的秉性就决定了他们的命运。

有的员工们觉得工作只是为了公司的利益，自己在其中又没捞到太多的好处，从而开始怠慢工作。也有的员工一进公司只关注一年有几天的休假，公司有什么福利等问题，却没有想到个人在公司里能体现多少价值，创造多少价值，更是忘记了自己得到的价值是和自己创造的效益息息相关。

天下没有免费的午餐，我们的精力也不能白白为老板奉献。永远记住一句话，该争取的利益一定要争取，但切忌让小利成为阻碍你长远发展的绊脚石。

小东在一家大型广告公司工作，因为快到年底的原因，公司里的职员有的请假回老家了，有的跳槽另觅他职了，工作一下子就变得繁重起来。很多事情都等着小东去帮忙处理，小东不惜牺牲自己的时间，晚上也加班到很晚。别的同事都说他那些工作做不完，老板也不能怪罪他，而每天晚上无偿

加班，太有奉献精神，是职场上典型的活雷锋。虽然他的能力在公司中并不是很突出，但是因为这种不计较个人利益的精神和责任感，得到了老板的关注和肯定。新年过后，小东就被正式提升为办公室主任了。

都说鱼和熊掌不可兼得，一味计较一些小利，有时会让利益流失得更多。就如小东一样，如果只想着索要加班费，提升必将无望！

还有一种因为公司给的工资标准达不到自己满意的定值而频繁跳槽的人。跳槽过程中，这类人总是喜欢见异思迁，挑肥拣瘦，始终把自己的金钱利益摆在第一位。

有一次公司招聘三个职位的人员：物业顾问、项目销售和行政类职位。某女士去面试，因为觉得她的条件不错，面试官就让她自己挑一个感兴趣的职位，女士挑了行政人员。面试官很奇怪，说："行政人员的工资是2000，虽然物业顾问和销售类是1500，但是都有提成的，若是做得好，工资更是很可观。"女士客气地说："提成的工资虽然有时候会获得双倍的利润，但是难免不稳定，而且都在试用期过后，我还是比较在意现在的安稳。"面试官不禁哑然失笑。结果因为行政类人员可以暂缓招人而没有录用这位女士。

眼前的利益遮住了人们看向远方的慧眼，太过于追求小利益和眼前利益的行为，是阻挡很多职场人成功的大山。泰戈尔说："鸟翼上系上了黄金，鸟就飞不起来了。"先付出才能有收获，如果一个人并不是靠自己的实力而是靠"幸运"找到了一个高薪的工作，那么这份工作必定做不长久。目光短浅的人，永远也不会获得别人的肯定。

没有哪个老板喜欢只关注自身利益的员工，轻易向老板提出加薪，老板必定会产生厌恶情绪。先端正自己的态度，放弃狭隘的想法，竭尽全力去工

作，当自己内心真正提炼的够纯熟且够火候的时候，老板自然就会给予你足够的肯定，给你更多的利益，他怕再升职加薪就留不住你了。

当然有的公司也会存在这种情况，员工所获得的利益永远要比他创造的价值小，若遇到这样的老板，也就不必期望能在他手下出人头地了，适当留意其他机会，该走就走，毕竟谁工作都是为了自己的利益与发展。

所以，我们谈利益时，多注重发展。这样你才会是一个有肚量的人，因为有太多的小利益需要我们不去计较，只有肚量宽者才能一路过关斩将。

我们的生存原则必然是多向利益看，我们的发展原则却必须要我们把小利益抛在一边，收藏起来，这样我们会得到更多的好处。

不做长舌妇，不在背后说人是非

好话难出门，坏话传千里。更何况在这个利益当前的时代，像是给本来隔音效果很差的房屋下又偷了一回工，减了一层料。俗话说："小心驶得万年船。"随时随地小心谨慎，你才能立于不败之地。职场如战场，时不时地弥漫硝烟，让人时时身处险境而倍感彷徨，所以，我们不去害人，但不可没有防人之心。

办公室里往往是流言蜚语繁殖最旺盛的地方，一句无心之语，往往会成为工作与事业上的硬伤。

姗妮是一家食品公司的中层管理者，工作业绩不错。最近新来了位总经理助理，这位新来的总经理助理不仅漂亮，衣着更是前所未有的时尚，尽

显高贵之态，倾倒办公室一片男同事，殷勤献媚者源源不断。姗妮因为工作关系经常要跟她接触，有一次因为工作的原因，两人争执起来，最后弄得不欢而散。姗妮早就看不惯她媚态万千的态度，这里可是工作的地方，不是T台秀，更不是搔首弄姿的地方。姗妮一直怀疑她跟总经理的关系，两人不仅走得很近，而且神神秘秘。于是回到公司宿舍就开始大发牢骚，宿舍的金玉见状，连忙上前安慰。姗妮的苦水找到了地方倾泻，痛诉了一番，还将总经理助理的“风骚”数落了一遍，说她只靠脸蛋吃饭。金玉可不是省油的灯，几天之后，总经理助理与总经理有一腿的传言就在办公室里传得沸沸扬扬。总经理助理终于知道了，一气之下找姗妮谈话，质问她为什么要这样造谣。姗妮懊悔又后悔，嘴上却说：“不是我说的”总经理助理更气愤了，说：“不是你还有谁，我早就知道了。实话告诉你吧，我是总经理的侄女，我现在要你在明天开会时当着办公室所有人的面公开赔礼道歉，还给我名誉，不然我要把你告上法庭跟你打官司。”总经理助理始终是盛气凌人。姗妮觉得很憋屈，可是现状已经无法改变，只有懊悔再懊悔，可是公开道歉未免太丢面子了，打官司也会有损经济，只好离职了。

原本只是想把心里憋了很久的话说出来，也许会让自己心里好过一些，可没想到会是这般下场。俗话说，鸟会被脚绊住，人会被嘴拖累。这一段口舌之祸发人深省。世间没有不透风的墙，何况在这样“隔音效果”很差的年代，大家都向着利益看，很多就是在等着我们一不小心犯错，好向上司领导邀功请赏。

喜欢在别人背后说坏话的人，不仅得不到别人的喜欢与信任，还会降低自己的人格，使自己的工作发展严重受到阻碍，是事业遭受挫折的罪魁祸首。聪明的女人不说坏话，只说好话，她们不仅在人前说好话，更注重在人

后说好话。或许她们也有一肚子的苦水要吐，一肚子的牢骚要发，但她们清楚地知道，在人后说坏话等于搬起石头砸自己的脚。哪怕面对的是最好的同事，毕竟人心隔肚皮，明枪易挡，暗箭难防，这样只能使自己的路越走越窄。

每个人都在为自己的生活与事业奔波，都希望自己能在这个圈中腾飞起来，因此这个圈子就是决定我们的价值所在，合得来就结合，合不来就散开。静坐常思己过，闲谈莫论人非。在人后说别人的不好，终究是自己的不对。

职场的每一步都关乎我们的生存，行走的每一步都需要瞻前顾后。想说的每一句话都要想透，那些坏话，只有把它藏在心里，才不会给自己闯祸。

是人就难免不被人议论，当我们自身也受到别人背后的议论，只需一笑了之，正所谓身正不怕影子斜，两袖清风，何来缠身事？

我们不仅自己不能说别人的坏话，还要与喜欢在人后说坏话的人少来往，让想打击我们的人无处下手。

善于沟通的女人更容易立足职场

那些过一天算一天混日子的人，总是消极行事，没有事业心也没有抱负，就像海洋中的平波，很难泛起浪花。当然也存在着另一类人，他们在无比残酷的打击下奋斗与追求，总是在不断提升和超越自己，夜以继日地提升自己，沉淀经验，竭尽全力将事情做完美，这些人是我们生命中的对手与强敌。当然并不是只要拥有过硬的技术与经验就能百战百胜了，能力与学

识在今天的社会还不足以使你独当一面，还需要圆滑处世技巧与沟通的本领。

马云曾说："一个人的成功30%来自于自身的知识和经验，70%来自于人际关系。"而一个人的关系网大小恰恰又是一个人沟通能力的体现。如果把知识与经验比作硬功夫，那么这里的软功夫就是指沟通能力了。办事缺乏沟通总让人觉得生硬，有些事情若缺乏沟通反而让结果适得其反。而懂得沟通的人，往往还没有开始行动，却已经在交谈中把自己想要的信息得到了。

一把坚实的大锁挂在大门上，一根铁杆费了九牛二虎之力，还是无法将它撬开。钥匙来了，瘦小的身子钻进锁孔，只轻轻一转，大锁就"啪"的一声打开了。铁杆奇怪地问："为什么我费了那么大力气也打不开，而你却轻而易举地就把它打开了呢？"钥匙说："因为我最了解它的心。"

按理说，一根铁杆与一把钥匙相比，力量绝对要略胜一筹，但是铁杆就是撬不动大锁，而轻巧细小的钥匙瞬间就能把坚实的锁打开。人若是不懂得沟通，无论使多大的力气，浪费多少资源，依然得不到想要的结果。想要别人为你办事，就要先了解别人，赢取他人的心。用情打动人心，用理征服人心，用沟通促进情感，这样办事的速度才会加快，我们的效率才能提升。

丽丝在一家外企工作了一段时间，在各方面的表现都很出色，每天早上来公司都是第二个到，因为第一个人永远是老板。她工作十分细心认真，很有责任感，话语也非常严谨，受到大家的喜欢。眼看试用期快过了，她期待着这一天已经3个月了，她猜想试用期过了，老板应该会给她多加点工资吧，暗自思量着下个月的薪水会是多少。可是就在离试用期还差一个星期的时

候，丽丝被公司辞退了。丽丝找到老板，询问为什么会辞退她，难道她有什么地方做得不好吗？老板说："不错，你一直做得很好，并且上下班很守时，甚至不惜用自己的个人时间加班，但是我们的团队是一个需要沟通的团队，你就是因为话语太严谨，与人缺乏沟通。你知道以前坐这个位置的女孩吗？她虽然远远没有你加班的时间多，但是工作效率却不在你之下。我们的团队里每位成员都需要有一定的沟通能力，这样我们的效率才会提高。我想你还是适合别家公司吧！"丽丝无语地走出老板的办公室，伤心极了。

现实就是这般残酷！沟通，不管是在我们的生活中，还是在我们的工作中，都是不可缺少的。一个不懂得沟通的人，只能像丽丝那样被公司抛弃。那么我们该如何更好地沟通呢？请注意以下几点。

1. 沟通的对象

这是我们在与人交往或对话时必须注意的，如长辈与晚辈之间的沟通，领导和下属之间的沟通，要注意使用的语言和谈话的语气。对待不同的人，用适当的方式去倾听与诉说，才能达到你想要的结果。

2. 沟通的内容

内容是我们与对方沟通的重要信息。我们在与对方沟通之前必须先理清自身想法，弄清楚双方对整件事持有的态度和想要达到的结果，再把自己的思想委婉地表达出来，并且在沟通时要牢记自己的沟通目的。有的人往往沟通时没把握好沟通的内容，使自己的谈话内容跑题了，达不到想要的效果。

3. 沟通时的注意事项

多听少说，多肯定对方，与对方多进行互动，会给沟通带来意想不到的效果。自己说话尽力保持商量或咨询的口气，使对方更容易听取或接受。

阿奇瑞斯说:“具有高度沟通技巧的主管,他也有可能擅长‘欺上瞒下’,将真正的问题遮掩得天衣无缝。”不管在我们的生活中还是在职场上,沟通都非常重要,甚至会对一些事情发挥决定性的作用。都说得人心者得天下,得人心就是一种笼络手段,而我们的沟通也就是实施手段的过程。倾听别人的声音,再表达自己的意愿,渐渐地缩短差距与矛盾,从而达到一种心灵互动的效果,这样办起事来显然要痛快得多!

展现女人的乖巧,职场中更受欢迎

在任何场合,乖乖女的形象总是备受宠爱,它凝聚着女性的乖巧阴柔之美,即女性的本性之美。在与陌生人接触的场合,你的第一形象决定了别人对你的感觉,是艳是素,是美是丑,早已经刻入人心。而自古男人都是以阳刚为美,女性以阴柔为美,当今这个时代,女性的美似乎已经变了味,从女性的刁蛮到职场上的“男人婆”,女性似乎偏离女性的本性面目越来越远。但是大部分人们的审美还是停留在传统意义上,所以更喜欢温柔乖巧的女性。

在很多人眼中,温柔乖巧的女人即使不够漂亮也是吸引人且有魅力的,与泼辣或中性的女人相比,更容易得到他人的怜爱。生活中,没有人愿意整天对着一副臭脸的人。乖巧的女性让人自然而然地主动亲近,因为乖巧的女人没有威胁力与压迫感,和她们在一起让人感到快乐和放松。

如今职场中,有些有成就的女性被人在背地里叫“男人婆”,甚至称“老巫婆”。这都是因为她们太多的时间都是以一副冷傲严肃的面目出现,从而

在大家心中留下了糟糕的印象。

在与人接触时，形象是我们的招牌。每个女人都想给别人留下最美丽的印象。如果你还用工作中的严肃表情对待交际圈中的客户，肯定受到冷遇无法获得别人的关注与好感。如果你工作时严谨有加，私下与人交往也能拿出一些女人味来，必然会让人印象深刻，大家会觉得你虽然工作时不苟言笑，但生活中的你还是很容易亲近的，为你增加不少好感度和好人缘。性格乖巧的女人，比起男人婆似的女人有哪些优势呢？

1. 容易亲近

乖巧且温柔的女人给人容易亲近的感觉，而冷面、高傲又严肃的女人总是被称作“冰山美人”或“冷美人”，大家只会远观而不会也不敢轻易亲近她们。当第一次与陌生人见面时，你的热情与乖巧往往能使别人变得热情主动，如果你一味地孤傲或冷漠，那只能把别人吓跑，让自己的人缘越来越差。

2. 多点女性魅力

女人的美丽可以引人一时注目，而女人的魅力却可以久久地吸引他人的目光。特别是在职场上，男同事、上司、老板和客户都喜欢和散发无限魅力的女性相处，一是因为“异性相吸”；二是男人同样会欣赏美丽不俗的女人。

3. 人际关系好

生活中那些拥有很多朋友的女人必定是性格很好相处的人，而拥有很多朋友本就是我们想期待的结果。女人对男人最致命的吸引恐怕就是“女人味”了，职场女人变乖，就是给自己增加几分女人味。女人适当地示弱，适当地表现出小女人的表情，会让他人产生想要保护你和关心你的想法，消除他人的敌意，让他人更容易把你当做自己的朋友。

当然，女性乖一点并不是说让女人当没有主见的“乖乖女”，也不是不分场合不看情况，任何时候都是一副“乖乖”的形象。女人可以刚强，可以霸气，但是在适当的时候柔弱一下，加入些许乖巧形象，会让你更吃得开。都说“以柔克刚”，如果你既有刚硬的一面，又有乖巧温柔的一面，那你岂不是可以软硬通吃吗？

很多女人有学历、有责任心，又有专业的知识，就是无法捕获她们想要的东西。男人是山，女人是水，职场女性必须保持固有的温柔特性，这种温柔乖巧的特性并不是女性的弱点，而是女性处世需要的原则。

要“乖”的女人心中潜藏着韧性十足的斗志，而她的外表就像一朵纯洁美丽的白玫瑰，永远让人感觉她的柔美、乖巧，令人着迷。聪明的女人会利用“乖乖女”的形象来拉近同性同事的关系，让她们感觉不到威胁，而使她们能与你真心相待。往往一些锋芒太露而不乖巧的女性总得不到同性同事的肯定，而渐渐被孤立，办起事来总是寸步难行。

都说好事业是好人缘打造的，我们的“乖乖女”形象是打造好人缘的最佳工具，遇人谦卑点，待人恭敬点，这不是在看低自己。碰人打打招呼，遇人多多微笑，平时多注重礼貌，通过这样获取别人的好感，我们办事时会变得更方便快捷。

随时充电，做紧跟时代步伐的职业女性

随着生活水平的不断提高，各种科技产品更新的速度也越来越快，很多新推出的产品我们还没来得及完全弄明白，就已经成为过去时。同样信息

的更迭速度也随着媒体的变革和传播形式的多样化而加快，那么人的思想呢？大脑中储存的知识呢？肯定也会随着新生事物的发展而需要除旧迎新。

在知识多元化的现代社会里，没有人是面面俱到的全才，然而工作和激烈的竞争却需要我们学习更多的知识，以便在不同的工作岗位上都能应对自如。滴水穿石不是靠力，而是因为不舍昼夜。所以我们获取的力量往往不是现在所拥有的力量，而是天长日久积蓄出来的力量。

有一个公司在大型人才市场上招来十几个优秀的人员，其中文凭高的有硕士，低的有高中毕业生。这十几个人经过一系列的考核之后，便开始培训，培训的讲师对这群年轻人说的第一句话就是“忘记你们的学历，学历只代表过去，能说明未来的只有以后，我们的团队只朝前看，不为过往而处于悲观，更不为过往而沾沾自喜，一切都在于我们的此刻与下一刻。”这句话说得太好了，满足于当下只能让人处于原地不动或倒退的状态。学历不代表什么，过去也不代表什么，你现在是否在积极学习，不断充电，才是决定你未来的关键因素，如果这一刻你能够做好，那么下一刻你就会超过曾经强过你的其他人。

这个公司招聘员工的理念很好，它告诉我们，一个人要发展，就要多关注以后。以前的种种都已经过去了，而真正对你有影响的是你的现在和以后。的确，随着技术的发展，人们开始感觉到自身的知识不够用了，要想让自己的学识够用，思想跟得上时代，我们只有不断给自己充电，让自己从中不断地学习，才能与时俱进，使自己不掉队。

生活中有很多被淘汰的东西，那是因为那些东西已跟不上时代了，因而被一些更先进的东西所取代。女人也一样，如果不继续学习充电，不主动了

解社会，很快也会被社会所淘汰。有句话说：“不知道自己无知乃是双倍的无知，不知道更新知识乃是新的无知。”人的成功不是改变事物，而是改变自己，知识就是使我们逾越自己的那座山峰，如果自己的水平不够，那不仅上不了顶峰，只能在半山气喘吁吁了。

企业家之所以能领导一个公司，那是因为他懂得多，能站在时代的前沿和社会的需求之上看待问题。

一个漆黑的晚上，老鼠首领带着小老鼠外出觅食。正当它们在垃圾桶旁大吃特吃之际，突然传来了一阵令它们肝胆俱裂的声音，那是一只大花猫的叫声。它们震惊之余，四处逃命，但还是有两只小老鼠走避不及，被大花猫捉到。正当大花猫要吃掉两只小老鼠时，突然传来一连串凶恶的狗吠声，大花猫手足无措，狼狈逃命。大花猫走后，老鼠首领从垃圾桶后面走出来说：“我早就对你们说，多学一种语言有利无害，这次不就是我学的狗吠声救了你们一命！”

这就是老鼠首领“充电”的好处，救了一群小老鼠的命。人生又何尝不是如此。只有通过不断地学习，脑子里的东西才会越来越多，就如羽翼丰满的鸟，才能飞得更高。未来的赢家，一定属于善于博采众长，不断进取且不断学习的人。那些不求上进或安于现状的女人，终究会被更年轻、更有才华且更勤奋的女人所取代。

查理·芒格说，“如果在当今的世界你停止学习，这个世界将从你身边飞驰而去。”所以，女人想在这个世界上生存，想要不错过机会，想要在职场立足，就必须不断为自己充电，不断学习新知识，不断掌握新技术，不断接触新思想。只有这样，你才能在自己的岗位和生活中立于不败之地！

第09章

沉稳成熟不失风范，心态好的女人更好命

俗话说："心态决定思路，思路决定出路。"良好的心态对女人的成功有着不可估量的作用。女人身处社会竞争之中，本就不如男性占有优势，要想出色地将事情办好，更需要出色的能力和成熟的心态。有人说："拥有怎样的心态就拥有怎样的人生。"确实如此，想当一个会做事的女人，先从如何塑造良好的处世心态开始吧。

女人心态成熟，才能走稳人生每一步

初出茅庐的大学生与在社会上摸爬滚打多年的人往往持两种截然不同的心态。一般来说，梦想决定了心的高度，而心则决定了一个人处世的态度。很多年轻人初入社会，根本不考虑前方路上的艰难坎坷，一味地向前冲。虽然这种冲劲是好的，但是往往遇到挫折后容易受到更大的打击。梦想和现实毕竟是不同的，梦想再远大，也需要用成熟稳重的心态去一步步实现它。

年少时，不知有多少人梦想着当科学家或歌唱家，可成功的没有几人，原因多半是因为没有坚持到最后或经受不住失败的打击。现实中，有些人一夜成名，一首歌便红透大江南北，的确他们是幸运的，然而一时的幸运只能让他们潇洒一时，真正支撑他们持续火热下去的，是他们成熟的心态和不懈的努力。这些一夜成名者的幸运被许多人羡慕和模仿着，而成功的却寥寥无几。其实没有人的成功是因为幸运和偶然，他们一定有自己的优点和特色，他们是用自己的独一无二和努力换来的成就。所以不要去模仿谁，真正不靠实力而暴起的人，终究是昙花一现。

女人身在职场，也需要以成熟的心态做人做事。

首先，确立自己的起点位置。只有清楚了解自己的起点，你才能确定好能够攀登的高点，弄清楚自己的实力和欠缺的能力，通过制订清晰且可行的计划逐步实施，这样才能成功，才不会盲目地不知所措。

其次，放弃速成的想法。所有事都有一个积累的过程，相信大脑中的东西沉淀的多了，从量变到质变自然就实现了。那些如火山爆发般的暴发户毕竟是少数，当然暴发户也要能赶上好时机，还要做好随时抓住机会的所有准备，否则别指望这等好事会随便降临到谁的头上。

最后，面对每件事情都要有成熟且稳重的心态。有时候陷阱摆在我们面前，有些人还以为是机会，奋力想抓住它，结果却是跳进了陷阱里。面对任何事情，都要经过认真分析，保持一份冷静清醒的头脑，沉稳地对待事情的发展趋势，就能沉稳地走过成功路上的每处坎坷。

在职场上，心态不成熟的人，都是那些充满热情，但不会有效调节自己的人，准确地说是在心理承受能力和情商还没有修炼到位的人。没有相应的职场阅历和行商经验，凭着满腔热情，万事只知道向前冲，顾及不到周边的防范与基础工作，往往会摔得很惨。心态成熟的人往往会给自己树立一个能够实现的目标，那些从一开始就把目标定得很高的人一般内心很幼稚，他们通常也把自己看得很高，总是幻想着一夜暴富，一鸣惊人，反而自己没有一点经验，眼高手低，这样的人终究会被现实鞭打得遍体鳞伤。

成熟的人不会奢望别人的成就，他们会用自己的双手开创世界，用自己的双脚踏实地走好每一步。当事情摆在我们面前，我们的心态可以有很多种。心态决定成功，始终拥有成熟心态的人，对事物的看待始终以成熟的角度去审视，可以使我们行程上少走点弯路。或许我们渴望成功的心早已澎湃不已，成熟的心态在此时就是一种克制。成熟的人，从里到外都散发着一种属于自己的味道，内心都潜藏着一份处变不惊的态度。如果你还在对某些事情的出现存在着一定的惊奇，那么你还不适合

创业。这句话就是说的“成熟”心态的重要性。真正拥有成熟心态的人，面对成功，敢于往前冲的，但他们冲的每一步都那么沉稳，前进的每一步都会有收获。

女人别抱怨，利用各种方式完善自己

“人生是不公平的，习惯去接受它吧。请记住，永远都不要抱怨。”这是美国首富比尔·盖茨说的。漫漫人生路，随着我们阅历与经验的不断增长，你会发现，其实这大千世界存在着很多不平衡的事情。茫茫人海，你会发现很多人都比自己成功或富有，甚至有时候我们非常努力地去做一件事情，结果却失败了，难道是上帝在捉弄我们吗？不！其实上帝在捉弄世间的每一个人。正确看待人生确实是件很困难的事，因为它需要人们从不同的角度去看待。如果一个人固执地只从一个角度去看待所有问题，那么就会处于一种偏激状态。如果你一味地看到事情的好，只会让我们得意忘形，忘乎所以；一味地看到事情的坏，只会使自己消极对待生活。

抱怨是消耗最大又是最无益的事情，我们每天都在埋怨为何那么多的人成功，那么多人有钱，甚至有时候我们与别人拥有着相同的技术和能力，别人成功了，而自己却总不见成功。成功者，只为成功找方法，不为失败找理由。如果你换个角度去审视问题，说不定你就能从另外一个角度捕捉到成功的方法，甚至自己取得的成就远远地大于别人取得的成就。只有持有平衡而不抱怨的心态，你才能从另一扇窗户中看到更美丽的天空。一个人

总是抱怨，总是愤愤不平而不去改变状况，那么这个人注定就要这样过一生。生活中，这样的情况大有人在。

《哈利·波特》的作者乔安妮·凯瑟琳·罗琳，曾经是一个身无分文的离婚女人及单亲妈妈。年轻时的乔安妮·凯瑟琳·罗琳非常漂亮，大学毕业没多久就和当地的一位记者恋爱并结婚了。可惜好景不长，女儿出生刚三个月时，乔安妮·凯瑟琳·罗琳和丈夫离婚了。从此凯瑟琳·罗琳带着女儿过着贫穷的生活，经常是用母乳喂饱了女儿，而自己却还在饿着肚子。如此沉重的打击也没让乔安妮·凯瑟琳·罗琳抱怨，她依然信心满满地为自己的写作事业而奋斗。因为自家的房间又潮又暗，为了节省电费，她经常是抓起笔和纸，跑到咖啡馆里写上一天。她是始终抱着平衡心态的女人，最终写出了风靡全球的《哈利·波特》系列丛书。

她从一个身无分文的女人到风靡全球的女作家，在阴冷的昏暗房间里一直奋斗到登上文学诺贝尔的宝座，拿下了诺贝尔奖。也许对于成功者而言，只要成功了，曾经遭受的苦难并不算什么，毕竟人没有风平浪静的一生，你经历的波涛越汹涌，你的成功来得才会更痛快。在人生中抱怨，如同在汹涌的波涛中挣扎，却从来没有想过要逾越波澜。

每个人遇到失败或心中不平衡时，面对的方式全然不同，有的人受不得一点小委屈，一有不平衡马上大吵大闹，把所有的过错推给对方，不断地指责及谩骂；有的人则默默忍耐，压抑自己心中所有不平的情绪，内心充满了极度悲哀与沮丧，似乎就要一蹶不振了。前一种方式只会让事情朝极端方向发展，而后一种方式则是在泯灭人生的重生之火。其实每个人的各种心态都是内心的平衡与不平衡引起的。保持平衡的心态，我们才不会用病态的眼光去衡量很多事情。当然，有时候确实有很多事让我们

心中不平衡，甚至愤怒。如果想摆脱这种境况，我们就得学会转移注意力，从另一个角度去观看事物的发展，你就不难发现，其实另一面也很精彩。就如乔安妮·凯瑟琳·罗琳一样，用不抱怨的平衡心态谱写的人生美丽的篇章。

就像弹簧，你压得越低，便会弹得越高；也可能压下去了不再起来，只能沉沦。如果不喜欢一件事，那我们就凭能力去改变它；如果无法改变，那就改变我们的心态。不要抱怨，不要不平衡。只要人平衡了，事情最终也会平衡的。

女人积极乐观，成功才会不期而至

一切成就，一切财富，甚至是成功与失败，有时都源自于无形的意念。从古至今，有多少思想家与教育家一直都在强调工作中积极心态的重要性。积极一些，能使人在绝境中走到柳暗花明处，当我们开始运用积极的心态并把自己看做成功者时，我们就已经让成功达到一种“进行时”的阶段。

一个秀才第三次进京赶考，住在常住的旅店里。那个晚上他做了三个梦，第一个梦梦见自己在墙上种白菜；第二个梦是下雨天，他戴了斗笠还打伞；第三个梦是梦到跟一个女人脱光了衣服躺在一起，但是背靠着背。这三个梦似乎都代表着不同寓意，次日秀才找到算命先生。算命先生一听，连拍大腿说：“你还是回家吧！你想想，高墙上种菜不是白费劲吗？戴斗笠打雨伞不是多此一举吗？跟女人都脱光了躺在一张床上了，却背靠背，不是没戏

吗?”秀才一听,心灰意冷,回店收拾包袱准备回家。老板瞧见了,觉得很奇怪,便上前去询问,秀才就照实说了一番。老板“哟”了一声,说:“我也会解梦,我看这梦未必不是好梦。你想想,墙上种菜不是高种吗?戴斗笠打伞不是说明你这次有备无患吗?跟女人脱光了背靠背躺在床上,不是说明你翻身的时候就要到了吗?”秀才一听,觉得很有道理,于是放下行李,勤奋读书,准备迎接考试,结果中了个探花。

同样的梦,两种不同的解法,就是说明存在两种不同的心态。前者看事物的角度消极,只能让你觉得连机会都没有;后者看事物的角度积极,只要带着一颗积极的心,赢家未必就不是你。史蒂芬曾说:“不是对方的行为伤害了我们,而是我们所选择的回应伤害了自己。”生活本来就不会一帆风顺,总有一些不尽如人意的事情发生。面对不尽如人意的事情,我们应当把握心态。积极的心态是一种斗志,它可以让人在绝望的逆境里创造出更多的财富。世间什么力量最大?力量最大的莫过人的意念,采用怎样的思维方式,选择怎样的思维角度,这就决定了你的命运是从轨道上前进,还是会在轨道上退出。我们每一个人都是在轨道上前行,都希望自己能迅速地抵达成功的路口,不希望自己脱轨。积极的心理就像一把火把,即使点燃不了整片森林,也要试着去尝试,说不定哪天就是熊熊火焰透红了半边天。而消极的心理连一点火种都没有,不是没能成功,而是没法成功。成功的心态处处能发掘成功的力量,世间万事万物,你可用两种观念去看它。一个是正向且积极的;另一个是负面且消极的。就如一个人面对太阳,看到的是阳光灿烂;如果背对太阳,看到的永远是自己的影子。人的生命就像植物一样旺盛,一旦停止生长,就会逐渐腐烂。

在某个城镇，一群人正忙着建设本地的新教堂。记者去采访这些建设者，他发现有三个泥瓦匠在砌墙，于是他就问一个泥瓦匠：你在忙啥？这个人气愤地回答说："你没看到搬砖头吗？"问第二个泥瓦匠，他沮丧地回答说："在盖教堂。"而第三个说："我在为这个城市的人盖教堂，以便人们能够做礼拜。"不久后，第三个人因为工作表现好而被提升为队长。

同一种工作，却有三种不同的心态。在看待事物时，应考虑生活中既有好的一面，也有坏的一面。只埋怨坏的一面，会令自己更痛苦，但强调好的方面，通常就能产生良好的愿望与结果。如果结果还没出来就已经让自己的心态成为失败者，那我们的工作与事业根本没法继续，我们的成就更是无稽之谈。如果能像文中的第三个人那样，就会比其他人看待问题积极得多。是积极还是消极地看待工作，工作效果大不一样。

成功者与常人之间的最大的区别就是心态不一样，思维模式不一样。正如美国总统华盛顿说的，一切的和谐与平衡，健康与健美，成功与幸福，都是由乐观与希望的向上心理产生并造成的。积极的心态使人面前远景无限，而消极心态的人眼前只能是黯然无边。

做一个正直的女人，不卑不亢笑傲人生

弗兰克·劳埃德·赖特曾经在美国建筑学院对师生们说："名誉指的是什么？什么是一块板材的名誉呢？那就是做一块地地道道的板材；什么是人的名誉呢？这就是要做一个正直的人。"做人的态度影响了一个人的名声，正直的人拥有好的名声。正直的人做事不会违背良知，不会违背原则，

这样的人才经得起考验。

正直做事，我们才有了十足的勇气，我们才能不卑不亢地做人。正直不仅需要十足的勇气，还需要坚定的信念，坚持你认为正确的东西，在发现错误时应当义无反顾地指出来。史上正直做事，不卑不亢做人的名人数不胜数，包拯就是凭着一身正气不避权贵，大力平反冤狱，深受百姓赞扬和称颂。

正直的性格与心态可以产生以下几种品格，这些品格都是人生成功必不可少的东西。

(1)正直使人勇敢。“白天没做亏心事，夜半不怕鬼敲门。”心存不轨的人，遇事总是畏畏缩缩。勇敢让人具备冒险的勇气，在别人不敢做的情况下，他会毅然做别人不敢做的事，正直和真理总能战胜一切。

(2)正直使人坚定。只有坚持不懈的精神，才能一心一意地追求自己的目标，带着一种永不言弃的精神，走向成功的巅峰。坚定的力量是巨大的，在任何困难面前才不会低头。有人说：“有了坚强的意志，就等于给双脚添了一双翅膀。”有了坚定的意志，我们会比别人走得更快。

(3)正直使人坦然。有句话说，树干生得牢，不怕风来摇。身正就不怕影斜，正直者的内心不存在虚伪。坦然是一种内在的平静，这是做大事的人的气韵，坦然者更自信，让自己永远不被虚伪打倒。

(4)正直使人一身正气，我们就没有必要对人卑微，只有不卑不亢地做人，才能赢得别人的尊重。如果一个人总是对人低声下气，俯首听命，这样的人格永远得不到别人的敬重。

正直的人不仅把自身的能力一览无余地施展出来，还能获得别人的信任，从中获得更多的友谊。

正直做事,不卑不亢做人。正直者永远是有人拥戴,虚伪者永远围着别人转。前者有主见而刚正不阿;后者处事阿谀奉承,却得不到别人的赞赏与肯定。

一家大医院里一位新分配来的护士第一次接受任务。"大夫,你只取了11块纱布出来,还有一块没被取出来。"护士细心数过之后说。大夫说,"我已经全部取出来了,现在就可以缝合伤口了。"医生不容置疑地说。"您只取了11块,还有一块您没取出来。"护士坚持说。大夫又再说了一遍:"缝合!"姑娘着急了,说:"您确实还有一块纱布未取出,为了病人应该再检查一遍!"大夫看着护士如此坚持,微微一笑,举起他手中藏着最后一块纱布说:"你是个正直的姑娘,也是名合格的护士。"这位资深的医生正是在考验护士是否具有正直的职业精神.

很显然,姑娘通过了考验,这就是正直的力量。正直唤醒良知,正直也换来美誉,换来信任。行走于人生路上,正直可以带来成功。

在生活中,这样的人受到更多人的喜爱,没人喜欢心术不正,爱兜圈子的人,因为正直的首要条件必须是诚实。

学会正直,做到正直,才能时刻保持不卑不亢的心态,临危不惧,相信你不管在什么场合,都会是成功者。

善于隐忍的女人,才能等到风雨后的美丽彩虹

"小不忍则乱大谋",这是千古名言,一个懂得忍耐的人才会是笑到最后的人。俗话说,"一忍可制百勇,一静可制百动。"世间有千万种人,什么样的

人都不缺，什么样的人都不少。有的人激烈躁动，有的人狡猾奸诈，有的人爱逞匹夫之勇。忍耐是一种可贵的精神，能屈能伸正是大丈夫所为，是成功的人士必备的条件。作为当代女性，女人和男人具有同等的创业机会，想成功的女性，一定要学会忍耐。

有一位记者采访一位著名的女销售专家。

记者：什么力量使您在销售行业拉开这么宏大的帷幕的呢？

女销售家：是目标。

记者：还有呢？

女销售家：忍耐。

记者：怎样忍耐？

女销售家：客户把口水吐在我的脸上，我也不会有怨言，我只会把口水默默地擦掉。就算别人再怎么对我发怒，都不能顶撞人家，否则无异于火上浇油。懂得忍耐的人才是真正勇者，才是生活的智者，能忍耐，成功的宝座永远非你莫属。（掌声）

作为一名销售人员，做到唾液溅脸而不怒，拥有如此境界和忍耐力的人不成功，谁会成功呢？绝大多数人是没有这种肚量的。在成长的道路上，付出一些东西是理所当然的，要知道忍则有益，斗则必损。当然，忍让并非要我们一味地忍受别人给我们的羞辱，该忍时要忍耐，不该忍时也忍，那只会丧失自己的人格。

忍耐是一种提升，是成熟者一种标志。为了一些小事而大发脾气的人，成不了大器，只有能够悉心忍耐的人终有一天会等到成功的来临。

三国时期，诸葛亮六出祁山时驻扎在五丈原，司马懿深知自己的韬略不如诸葛亮而采取拖延战术久不出兵。诸葛亮派人向司马懿送去一套女人的

衣服，并递信说'如果不敢出战，便穿上这身衣服恭敬地跪拜接受投降。如果羞耻之心还没有泯灭，还有点男子气概，便立即出来迎战。'司马懿的手下看后，非常气愤，都咽不下这口气，纷纷请战，但司马懿却坚守不战。不久诸葛亮因积劳成疾而死，司马懿没伤一兵一将，不战而胜。

司马懿能获得成功，是因为他具备了超强的忍耐力，这才是真正的忍辱负重，这样的人大事必成。忍耐并不是等待，而是在忍耐中沉淀力量，做好准备，只有充足的力量才能战胜一切。

成功之门并非那么容易就会开启，在通往成功的路上有许多疼痛需要我们承受，有许多煎熬需要我们忍耐。人们说"阳光总在风雨后"，在经受了忍耐的磨砺后，成功必然会到来。

忍耐是一种能力，更是一种考验。海伦·凯勒自小就集聋、哑、盲于一身，生活在无声无色的漆黑的世界中。但是海伦凭借其坚韧的毅力，忍受疾病带来的各种痛苦，积极向前，终于写下了催人奋发向上的文章。如果她不能忍受残疾的痛苦，那么她的生命也不会如此辉煌。正所谓"不经一番寒彻骨，哪得梅花扑鼻香?"讲的就是这个道理。

人生就如同一场浩大的马拉松比赛，谁能忍耐谁就能过关，谁就是最后的成功者。当雪融后的风拂过脸庞，虽然感觉到依旧冰冷，但至少可以知道，春天马上就要到了。

保持好心情，不要让不良情绪影响你

情绪是内心的一种思想波动，每个人脸上的喜怒哀乐都是心情好坏的

表现,而一个人是否喜形于色,是否直接把情绪表现在脸上,是由一个人的意志力决定的。喜怒形于色的人往往容易被人一眼看穿。我们的生活离不开情绪,情绪是我们对外界的正常心理反应。

一个真正的成功者完全能控制自己的情绪,别人无法从他脸上看到他内心的任何波动。据研究调查,通常80%的人总是会被情绪左右,做不了情绪的主人。因为被情绪影响,很多人做事容易冲动,大脑一热就做出不理智的举动,从而导致失败和后悔的事情发生。有的人正因为情绪变化,经常把自己弄得大喜大悲,使人反感。而有的人又因不良的情绪令自己走入死胡同,渐渐消极。情绪是把双刃剑,好情绪可以使我们愉悦自信,可以让我们以最好的状态做事;而消极和负面的情绪会直接导致我们神情恍惚,做事粗心。情绪化是我们成功的大敌,那么该如何掌控情绪呢?

(1)遇事沉着冷静,了解事情的来龙去脉。遇事要三思,一旦事情发生,当你要产生某种情绪时,先想想对你将会造成什么样的后果。自己的情绪被别人掌控那是很不划算的,如果想到的糟糕的情绪会导致不良结果,你的情绪自然就会得到控制。

(2)有的人遇到糟糕的事情,就会长期陷入不良情绪,导致状态不佳。确实,有些事情对人的影响比较大,使人的情绪很难控制,这时我们就需要改变与调节自己,换一种环境,换一种格调,主要还是在于自己的积极调节。或许还可以通过某些运动来刺激自己的神经,而使另外的不良情绪渐渐淡化直至消退。

(3)太多的事情会影响我们的情绪,我们要改善不良情绪,通过饮食也能达到效果。美国饮食协会发言人邦妮·特布迪勒斯告诉大家,坏情绪和不规律进餐息息相关,每隔4~5小时吃一次饭,能够保证大脑有足够的营养供应,并且防止血糖水平过低。情绪忧郁可以多吃大豆、燕麦、菠菜、西兰花、核桃、花生和动物肝脏等。希望稳定的情绪可以多吃鱼肉、鸡肉、蛋类、奶酪、燕麦、香蕉和豆类制品等。

(4)一旦不良的情绪出现,要学会与自己的心灵对话。了解心灵的需要与缺失,我们的目的是让心灵减负,在一次次审视自己之后,遇到悲伤或气愤的事情,换一种角度或用另一种眼光去看,常常会发现一些正面且积极的东西。

这是一个很复杂的问题,真正成为情绪的掌控者,必须有成熟的心态,更重要的是要懂得与自己的心灵沟通。所谓心灵沟通,就是了解自己情绪存在的根本原因,再根据原因存在的因素进行适当调节。比如常见的恐惧、猜疑和忧郁等。好比一个人找到了自己的缺点与不足,对症下药就容易多了。

不良情绪影响我们的事业成功,甚至直接影响我们的身体,威胁我们的健康。病人如能保持因为心情愉悦,病情也会好转;也有人因为不良情绪而使病情恶化。所以掌控好自己的情绪,就像握住了开启生命之锁的钥匙,一切因果无须别人操控,完全掌握在自己手中。

一个被情绪拖着走的人是无法成功的,因为他首先无法战胜自我。一个人整天被自己的喜怒无常所左右,那还有什么时间和精力去做别的事情呢?在不良情绪中迷失了自我,那是最不划算的。

女人敢于冒险，胆大心细更容易抓住机遇

世界首富比尔·盖茨说："机遇与我们的事业休戚与共，她是一个美丽万分而又脾气古怪的天使。她会忽然来到你的身边，如果你稍有不慎，她又会飘然而去。无论你如何扼腕叹息，她都将一去不复返。"机遇确实是个令人捉摸不透的东西，有时机遇来得悄然，我们没有发觉便离开了；有时机遇来得迅猛，又使我们只敢远观而不肯靠近。不管怎么说，人能否抓住机遇，决定了你事业的成败。人生路途那么遥远，决定成败的也就那么几步。错过了关键的几步，我们的生命必将在碌碌无为中度过。

人人都能碰到机遇，并不等于人人都能发现机遇，当人人都能发现机遇时又不是都能抓住机遇。机遇需要我们积极地寻找，找到之后需要紧紧地抓住。当机会在我们面前悠然而过时，你应该果敢地抓住它，而不是傻傻地期待着落到你的手掌中。这正是平凡者和成功者的差别，当机遇突然出现时，迅速地抓住它才是最明智的做法。

有一个犹太人，他20岁时被当时的淘金热吸引到美国西部，加入了淘金者的行列。他挖了一段时间矿，收入甚微。后来发现，成千上万的淘金者迫切需要生活上的供应和服务，于是他就放弃淘金，开了一家日用品小商店。有一次，他带了一些小商品和一些淘金者搭帐篷用的帆布，乘船到外地去卖。小商品在船上就卖光了，唯独帆布没卖出去。船到码头以后，他向一位淘金工人推销说："你要买帆布搭帐篷吗？"那工人回答说："我们不需要帐篷。不过，我看你卖的这种帆布做裤子倒挺不错。我们现在穿的棉布裤子

不结实，很快就磨破了。”听到那个工人的话，犹太人就想到一个主意，干脆就用这些帆布做成裤子来卖！

于是，他同这位淘金工人一道去裁缝店用帆布做了一条裤子。对这条裤子，这位淘金工人和他的伙伴们都非常满意。接着，犹太人又用帆布专门定做了一批裤子，很快就卖光了。让他意想不到的是，定做这种帆布裤子的订单竟源源不断。后来，因为帆布供不应求，他不得不改用一种靛蓝色的斜纹粗布作裤料。最后他做出一个大胆的决定，开了一家牛仔裤公司。令他高兴的是，大众完全接受了他的新设计，而且一直流传至今。这个人就是牛仔裤创始人列维·施特劳斯。

有人说，没有胆量就没有产量，机遇来临时大多会带着某种挑战，这种挑战就是在检验一个人的胆量，最伟大的成功者往往是敢于冒最大风险的人，同时他们身上也具有足够的沉稳和敏锐的判断力，再加上“敢为天下先”的精神，这些是伟大的成功者必备的性格。

21世纪是个挑战不断、机遇不断且风险不断的世纪，准确地说，是冒险经济时代。不具备冒险精神的人很难与时代接轨。有人认为，冲在经济时代前端的那批企业家无疑就是一群“冒险家”，只有具备冒险精神才能创造出生命的奇迹。美国就是具有冒险精神的民族，美国的强大，无疑也离不开这一点。

没有冒险精神的人，一生总是在担心各种各样的事，这样的人生或许安稳，但只能一辈子平庸。都说富贵险中求，生活本来就是在探险，没有探险精神就不能在风险中安然地度过。机会是可遇而不可求的，并不是每时每刻都有，抓住瞬间即逝的机遇，需要智慧，更需要果敢。

让自信带领你走进成功的大门

诺贝尔奖获得者居里夫人说："我们不仅要有恒心，我们更应该有信心。失去信心的人生就像漂浮在茫茫的大海中，没有方向，也没有力量。"一个没有方向，也没有力量的人在海上漂浮，能到达彼岸吗？自信是万事成功的根本，信心能使人精神振奋且神采奕奕地走向成功。

作为现代女性，仅具有一些普通的能力显然缺乏竞争力，你需要适时亮出你的杀手锏——自信的女性魅力。拥有自信的女性光彩照人，自信是女人吸引他人目光和赢得事业成功的魔力宝贝。没有自信的女人就如同折断羽翼的老鹰，永远只能停在地平线上，无法飞起，更无法超越。

当然并不是拥有信心，成功就立马向你走来。自信是一种态度，是对自己的一种肯定，是对成功的一种寄予，它能促使你寻找更稳妥的方法赢得成功。自信的人往往都是遇到问题解决问题，勇往直前，决不退缩；而没有信心的人容易被困难打倒，自暴自弃。因而自信往往加速了成功的来临，而自卑或退缩却阻碍了成功。

1832 年，林肯失业了，这令他很沮丧，但他下定决心要当政治家，当州议员。糟糕的是，他竞选失败了。在一年里连续遭受两次落选的打击，这对他来说无疑是痛苦的。接着，林肯着手自己创办企业，可不到一年的时间，企业又倒闭了。在以后的 17 年间，他不得不为偿还企业倒闭时拖欠的债务而到处奔波，历经磨难。1835 年，他订婚了。但离结婚的日子还差几个月时，未婚妻不幸去世。这对他的打击实在太大了，他心力交瘁，数月卧床不起。

1836年,他患了神经衰弱。1838年,林肯觉得身体良好,于是决定竞选州议会议长,可是他又失败了。1843年,他再次参加竞选美国国会议员,但仍然以失败告终。

林肯的前半生经历了无数次失败,到最后似乎什么都没有了,只剩下一份斗志。支持他的斗志的恰恰是他的信心。如果最后连信心也没了,那他就成不了美国总统。都说信心如黄金,当我们一无所有时,那它就是我们命里的黄金。信心给予我们乐观和不气馁的决心,正是挖掘我们潜力的力量。

文艺晚会上有个女孩要在大舞台上演唱一首歌,她还是第一次在那么多人面前唱歌,心里很紧张,眼看离上台表演的时间越来越近了,她手心紧张地直冒汗,害怕会在台上因紧张而忘记歌词。这时候一位前辈拿着一张小纸卷,塞进她手心里,说:“上台后若是忘记歌词,你可以把这个拿出来打开看一下。”女孩微笑地收下了,她握着这张纸条,像握着一根救命的稻草,匆匆上了台。那张小纸卷握在手心里,她感到踏实多了,并且在舞台上发挥得很好,更没有出现忘记歌词的现象。

演唱结束后,姑娘把纸卷还给前辈,前辈将纸卷打开让她看,原来这张纸卷只是一张白纸,上面一个字都没有,哪有什么歌词啊!前辈意味深长地说:“你在台上握的不是白纸,而是你的信心啊!”

自信使人勇敢。不管是在生活中,还是在竞争激烈的职场上,我们只是一个毫不起眼的角色。要想取得好的成绩,总是默默无闻地低垂着头,这一天可能永远也等不到。但是,只要我们稍稍地发生点改变,使自己具备足够的意念,拥有自信,我们就敢于接受一些新的挑战性工作,在办公室的形象与地位会随之发生变化,说不定就有了被提升的机会。

自信本身不是魅力，但它能带给你魅力，自信本身不是财富，但它能带给你财富。信心是命运的主宰，通向我们成功的未来。

女人欲成就大事，必须有宽容大度的心胸

事业是把锁，家庭是本经。事业需要我们不断地寻找打开金库的钥匙，家庭需要我们虔诚用心地念好这本经。因而，当代女性比以往任何时代的女性背负着更多的责任。

在如今这个变化难测且压力重重的社会里，因沉闷和喧嚣的影响，我们渐渐遗忘了女人的本色之美。无形的生活压力，压抑的职场生活，使我们接触的圈子不得不树立了一些竞争的对手，甚至是敌人，为生活增加了无穷的痛苦和恼怒。

某保险公司的职员小兰，为人喜欢计较，特别是事关自己的利益问题，非得要打破沙锅问到底。去年发年终奖，按每个部门效益与职位高低，年终奖进行了适当地调整。奖金是属于个人隐私的问题，而且谁都会不好意思问别人。第二天一上班，她来到办公室就大声地询问其他人拿了多少奖金，有人怕别人认为自己小气，连奖金都不说，结果都跟她说了。结果，公司有很多人都比她拿的奖金多，她得知情况后生气了，在办公室大声嚷嚷为何她的这么少，闹到财务部去，最后还将领导给请来了，弄得整个办公室的同事都很尴尬。最后奖金没弄到不说，还因为自己的行为而被领导批评，被同事质疑，使自己的人格大打折扣。

既然奖金是涉及隐私的事，就是领导不希望有人背后议论，而且弄得人

尽皆知。小兰恰恰因为自己的心胸狭窄，不去反思自己奖金少的原因，还大张旗鼓地到处质问，弄得整间办公室的人都很尴尬，实在不是明智之举。如果小兰能按捺住自己的脾气，悄悄去找领导谈一谈，或许能够从领导口中得知自己的不足，并给自己改正的机会。女人要学会聪明一些，该大度的时候就不要小家子气，孰轻孰重还是应该分清楚的。

明朝年间，山东济阳人董笃行在京做官。一天，他接到家信，说家里盖房为地基而与邻居发生争吵，希望他能借权望出面解决此事。董笃行观信后，连夜回信，信中只对家人说了四句话："千里捎书只为墙，不禁使我笑断肠。你仁我义结近邻，让出两尺又何妨。"家人主动在建房时让出几尺。而邻居见董家如此，也有所感悟，同样效仿。结果两家共让出八尺宽的地方，房子盖成后，就有了一条胡同，世称"仁义胡同"。

法国作家雨果曾经说：宽容就像清凉的甘露，浇灌了干涸的心灵；宽容就像温暖的壁炉，温暖了冰冷麻木的心；宽容就像不熄的火把，点燃了冰山下将要熄灭的火种；宽容就像一支魔笛，把沉睡在黑暗中的人唤醒。

宽容地面对朋友，能让友情更深厚；宽容地面对敌人，可以化干戈为玉帛。如果遇事总是小心眼，那样只能毁坏我们眼前的幸福生活。曾有一个叫润桥的女人，因为看到丈夫与别的女人谈笑而心生嫉恨，并且经常如此，丈夫最终不能忍受，在一个大雨的夜晚把妻子推出了门外，并逼迫其离婚。如果她能有当年卓文君唤回司马相如那样"闻君有两意，故来相决绝"的宽大胸怀，肯定不会得到这样凄惨的结果。

生活不是只一味的美好，大多数时候却在我们心中留下感叹。就如明媚的阳光不是只照耀你一个人，公园里的风景并非只给你一个人欣赏的。

我们给别人留一份余地，为别人挪一些空间，每天大度一点点，才能活得更丰富精彩。

豁达知性的女子最可贵，斤斤计较不是本事，它只会扭曲你的脸孔，污染你的心灵。清澈如水，淡然自若，才是女人的内心深处最原始的本色。

当今时代美女泛滥，养脸先修心。如果你想占据一角，必须学会宽容与大度，人美心更美，那样你才会美得无敌，倾倒世人。

第⑩章 尽显女人诱人魅力，让他人对你的事有求必应

每个人都有需要朋友帮助的时候，有时凭借一个人的知识与能力无法完成重要的工作。我们只有借助别人的力量，才能把事情做得尽量完美。想要获得别人帮助，并不是用我们的嘴巴去乞求别人的给予，而是靠女性人格的魅力去感动和感染他人，那怎样的行为和表现才能够成功打动他人，让对方认可你，并帮助你呢？

先与人交心，在请人帮忙

在这个经济飞速发展的时代，知识与技术爆炸性增长，专业分工更精细，有时候难免让人感觉力不从心。我们的知识有限，技术还不够尖端，在工作中往往会出现前所未有的停滞甚至阻碍。这种情况在我们的生活中并不少见。据有关人士调查，那些工作收入颇高者，往往不是技术高超的人，大多数居然是技术水平一般的人，但他们都有受别人帮助的经历。

当然，借助外界的力量并不是那么轻而易举，想借助外界的力量就必须要有力可借，有人愿意帮。世界上的每个人都很忙碌，每个人都有自己的工作与生活，没有人能顾及到你。当你感觉自己孤独与无助时，想寻求别人帮助时，别人完全可以不帮你，因为别人没有这个义务。这时，就需要我们用情商去打动他人，使他人愿意或主动帮助你。

1. 学会赞美他人

没有人不喜欢听赞美的话，也没有人会拒绝别人的赞美。适当的赞美不仅可以让人身心愉悦，也会让他对你产生好感。当然，赞美要适度，夸张的话语只会让人觉得你是在阿谀奉承，而并不是发自内心的赞美，使人觉得你是在惺惺作态，对你产生厌恶之感。渴望别人发自内心的赞美是人内心的本性。学会赞美，永远不会被人讨厌。

2. 积极地回应对方

人与人之间良好的沟通取决于对方的回应，积极地回应才能使双方更好地沟通下去。人人都希望对方能用心倾听，有些人在回应别人时往往喜

欢用简短的字眼，如“嗯”、“是”或“知道了”。如果回应别人时经常使用这种方式，不免让说话者觉得有些无趣。若采取积极主动的词语回应对方，效果就会大不一样。一个喜欢说“随便”或“无所谓”的人，让人永远感觉不到他的热情，更难让人感觉到他的诚心。

3. 多为对方着想

人际关系失败的人，大多数是失败于对他人不感兴趣。人与人之间的相处是平等的，你对别人不感兴趣，那别人怎么可能对你感兴趣？会说话的人总喜欢说别人喜欢听的话，会做事的人总喜欢做让别人很感激的事。有句话说得好，想让人如何对待你，你就如何对待别人。多为别人着想，别人必然会深受感动。例如，饭店里，有一个服务员端着汤，让挡住路的顾客让路。顾客此时正心情不好，没让反而瞪了她一眼。如果女服务员说：“别把菜汤沾到您的衣服上，您让我过一下可以吗？”我想这位顾客一定会起身给她让路的。

4. 注重品位与思想

品位决定一个人的宽度，思想决定一个人的深度。要想打动别人的心，首先表现自己。没人喜欢没有品位的人，哪怕他自己并没有品位；也没人愿意和没有思想的人交往，没有思想的人让人觉得乏味。我们最强大的力量就是来源于大脑的思考和内心的量度，这种力量可以征服别人，更可以打动别人。所以打动别人的方法，最重要的还是提升自己。

提升自己很重要，在我们的内心世界里，总是潜藏着一把测量别人的尺子，这把量尺不仅量出别人的能力与知识有多少，也量出别人的品质和美德有多少。能力与知识给人重量，品质和美德给人印象。印象不好，即使有技术和能力，也不会获得别人的喜爱。想要打动他人，就该修炼自己，要修炼

就得从修心开始。在未来广阔的世界里，你不会是自己一个人在拼搏，而会感觉到，在你背后，还有一大批人在支持你，帮助你。

单枪匹马永远闯不过突围，在你困难重重或心有余而力不足的时候，并不是没有人愿意帮你，关键在于你是否具备打动他人的能力。

得体的修饰让女人更显魅力

追求漂亮是女人的天性。每个女人都将无数的时间和精力花在自己的脸上，无非就是想让自己变得漂亮一些。女人可以长得不漂亮，但一定要活得漂亮。会装饰自己的女人，往往比脸蛋好看但不会装饰自己的女人更有魅力。有句话说得好，没有丑女人，只有懒女人。

1. 在着装与搭配上修饰自己

在外套上点缀一枚合适的胸针，穿低领的套装时系上一条丝巾，搭配合适的手链等。青春靓丽的职场女性更是这样，挎包上的小彩带，颈上的彩色项链，就能显示出一个女人的时尚。虽然办公室不需要风情万种，但女性对美丽的敏感可以为枯燥的工作带来一抹色彩。作为一名职业女性，尽量在着装与搭配上使自己更有女人味，也可以让你在男性的世界里获得不少帮助。男人都喜欢美丽的女人，当然更喜欢会搭配且懂得打扮的美丽女人。

2. 用成熟与气质修饰自己

能修饰女人的东西不只是首饰，很大程度上言谈举止也能修饰我们的内心。不需要奇装异服，更不需要浓妆艳抹，职场上事业有成的女性往往都

年过30，正是女人的成熟阶段，适宜的穿着与搭配，可以尽显雍容和华贵。青丝万缕就足以让女人妩媚万千，知性的表情可以展现睿智，整齐的衣服可以使人看见修养，善意的微笑与关切的举动，就足以深入人心。

3. 修饰自己有技巧

女人都爱美，所以女人都喜欢瘦，有的女人天生拥有苗条的身姿，可不知为何让人感觉反而不怎么好看。而另一些较胖的女人，经过自己的一番精心修饰，却胖得更好看了。比如瘦的人穿横条纹的衣服会显得更丰腴一些，胖的人就应该穿竖条纹就会瘦一些。自古就有"士为知己者死，女为悦己者容"的说法，女人的美是靠精心打扮与装饰出来的。大街小巷的店子里，摆的大部分都是女人的饰品。时代在进步，社会对女人的美丽要求更严格了，女人打扮修饰自己就是在对自己尽义务。

4. 用知识来包装女人

除了化妆品呈现出的色彩和美丽效果，书也是女人的一个时装店和饰品店，知识是女人最好的修饰品。女人既要外修，更要重于内修。书是女人没有形状和色彩的饰品，"腹有诗书气自华"，有知识的女人尽管素面朝天，但浑身散发着书卷味，使她们显得与众不同。她们不知不觉中就在某一个举止间芬芳四溢，令女人向往，令男人陶醉。

修饰是一种文化，包括时装文化、交际文化及美容文化。各种这样的文化需要我们潜心学习并运用。不懂得修饰自己的女人，穿着不适合自己的衣服，行色匆匆地走在大街上。这样的女人也许不缺少金钱，但她们缺少的是素养，因而丧失美丽。会修饰的女人不会这样，她们爱护自己的容颜，在意自己的形体，懂得熏陶自己的内心。懂得修饰的女人不管在任何场合，都以最美丽的身影和最知性的表情出场，让别人一览无余又充满想象。懂得

修饰自己的女人，在大街上是一道风景，在职场中是温和的明星。只有外表与内心同步修饰且提升，女人才会像空谷幽兰，精致淡雅；又像月夜花香，沁人心脾。就算在各种交际场合，也会如鱼得水。

微笑的女人最有感染力

没人喜欢整天一副阴沉脸孔的人，这样的人就算心情不是很差，也会把别人的心情弄得非常糟糕。如果身边的每个人都是如此，我们的生活虽不能说是恐怖，那也是压抑的，所以微笑在很多情况下也是一种礼仪。对别人微笑，就是对别人的一种尊重；面对别人时总是板着脸，那是多么失礼的事情。

微笑是人的第一张名片，一副苦大仇深的样子没有恶意的，也不会讨人喜欢。见到陌生人微笑一下，便能使我们获得好感和友谊。经常微笑的人，不仅使自己保持最佳状态，还能把微笑传给别人。如果每个人都能微笑着，我们的心情自然就舒畅了。这就是一个人微笑的力量，能感染身边的人。有位大企业家在名片背面印着一句很生动的话："你微笑，世界也微笑。"并且他每次给别人递名片时都是把背面朝着别人，接过他名片的人，看到他的名片都会展颜一笑。

斯提德曾精彩地说："微笑无需成本，却创造出许多价值。微笑使得到它的人们富裕，却并不使献出它的人们变穷。"简单地说，微笑就是一笔不用钱的投资。外国曾有一位女星，演技平平，长相更是一般，可不知道为什么只要是她主演的电影票房总是还不错。经过影迷们的研究，正

是因为人们喜爱她脸上让人欢喜又让人着迷的微笑。不用付出太多，比别人多一个笑脸，远远就比别人获得的更多。不得不说，微笑存在着永恒的魅力。

笑对生活，生活也会对你微笑；笑对他人，别人也会回应笑容。身处办公室严肃而紧张的气氛之中，微笑是最好的调节剂。当同事个个疲惫地在电脑前拼命工作时，送上自己的发自内心的微笑，别人会觉得这个微笑是多么动人，理所当然也会回应你一个舒心的表情。在职场上只有人与人之间关系和谐，工作才会变得亲切。俗话说："伸手不打笑脸人。"没有人会拒绝微笑，用微笑去感染别人的心灵，不失为润滑人际关系的高招。

人生在世，每个人都想与成功相约，但是没有谁的成功是一路坦途，每个成功者的背后都伴随各种艰辛与困惑，都在前进的路上有过挣扎。想要获得成功，必须学会在逆境中生存，在逆境中前进。在这样的情况下，我们应学会微笑，微笑着奋斗，更在微笑中成长，因为只有微笑才能给我们带来向上的勇气和信心，从而让更多的人感受到你的生命力量，赢得他人的欣赏与口碑。用微笑传达我们的友善，用微笑表达我们的真诚，想必没有人会拒绝你。

有位著名人力资源经理曾说，我情愿找一名微笑的农村姑娘来做职员，也不情愿招一名愁眉苦脸的女博士。这就是微笑与否的区别。整天愁眉深锁不仅是对工作没有信心的表现，更会表现在工作态度上。一味地抱怨根本不可能改变什么，对事情甚至会起到反效果。心理学研究表明，只有保持一份美好愉悦的心情，才可以更好地发挥自己的潜质，也更容易走向成功。从人际交往方面来看，微笑可以给你带来看不见的财富，从中能结交很多朋友，使我们成功的道路越走越宽。

对朋友微笑，表明我们对她们的喜爱；对危险与敌人微笑，可以表现我们的信心。只有不惧任何艰险，艰险才会为你让路。面对生活微笑的人，生命才会对你微笑。

当然，我们指的笑是发自内心的笑，强颜欢笑不是真笑，对人虚伪的假笑反而让人觉得厌恶。我们的微笑要从心底释放出来，不仅要让别人看得到我们脸上的笑容，最高境界是要让别人感觉到你善意且亲切的微笑，你才会魅力无穷。

女人用形象打造气场，穿对衣服很重要

中外古今，着装的品位能反映出一个人的文化修养和审美情趣，它是一个人身份、素质及内在气质的展示。着装可以向别人呈现出许多信息，并使人产生各种情感反应。着装所能传达的情感与意蕴，有时不是用语言所能表达的。在适合的场所，穿着适合的服饰，可以给人留下很好的印象；反之只能使自己的形象大跌眼镜。

然而在办公室里，有些女性认为只要能力与专业知识好，其他的都不重要，衣服只要穿得不出格就行了。其实并不是这样，在不同程度上，女性的外貌与服饰都强烈地反映出一个人的审美态度。常言道："男人爱潇洒，女人爱漂亮。"男人的随性气质也许就是潇洒，而女人的外在是否漂亮恰当的服饰则占了很大比重。不管在什么样的场所，女性第一个想到的应该是自己是一个女人。虽然我们身处职场，无须像T台上的模特，但女性服饰变化要比男性丰富得多。有的女人梦想当个干练的"白骨精"，有的女人幻想做

个清纯的小女人。不同的服饰就是不同的招牌，塑造出不一样的形象，美丽的形象也是穿出来的。

俗话说“人靠衣装马靠鞍。”衣着不仅能展现一个人的外表与内心潜在的魅力，更可以看出一个人对工作和生活的态度。要想让你的形象更佳，必须在服饰上加以“武装”。有品位的衣着能让你在生活中成为“万人迷”，也能让你在办公室成为“职场战将”。选择你的人气战袍之前，不妨考虑以下几点，或许更能提升你的魅力。

1. 着装醒目

经典很重要，时髦也很重要，但切不能忘记的是匠心独具的别致，大众化的服饰往往流于普通，因此太多相似，没有几个人去注意。一如既往的平常化装扮，只能让你时时处于默默无闻的角色。而在办公室里，耳目一新的着装能让人看到你的特点，让人发现你的与众不同。这也是吸引别人眼光的好方法，更能加深别人对你的良好印象。

2. 着装时尚

从古至今，女人从来没有停止过对时尚的追求。古代女人以洗米水敷面，用铅粉描眉，蘸丹砂涂唇，纱布束腰来“时尚”自己。现代女性追求时尚的条件因资讯的发达而得天独厚。不入时的服装给人以土气的感觉，在这个时尚作为代名词的年代，根本就体现不出女性的现代美。

3. 切忌暴露

“千呼万唤始出来，犹抱琵琶半遮面。”这种留给人想象空间的服饰效果最佳，而花哨或暴露的衣服不适合在办公室穿，会给别人以轻浮的感觉。成功的女人都知道，性感与信任是两个不同世界的词汇，若靠暴露谋求升职加薪，且不说能不能达到目的，你的名声也必须会受损。

4. 富有人文气息

人文气息通常会给人带来一种知性美。真正的美，是靠知识打造出来的。富有人文气息的服饰穿在身上，使人超凡脱俗，单用“美丽”两个字是不足以形容的，它显示出一个女人从骨子里散发出来的底蕴。女人的底蕴不仅能征服男士，在工作中也会获得男士的帮助，也能让更多的女人对你心悦诚服，使你永远是美丽的佼佼者。

衣服不一定要时髦，但一定要合适你。衣服可以不华贵，但一定要穿出你的高雅品位。

仪态大方的女人，举手投足间赢得好感

一个人的魅力通常会表现在举手投足之间；而一个人的粗俗，也可以表现在举手投足之间。有的女人生得一副面若桃花的脸孔，可是一个小动作往往暴露了她的低俗。优雅的女人，一个微小的姿势，就能从中流露出芬芳的味道。举止得体是女人的味道，更是一种风情。有些女人长相和身材都不差，但就是不在意自己不经意间的举止，而落得没有女人味。除非照镜子，否则无法看到自己的样貌。但是，我们自己看不到，却有很多双眼睛在看着。有些我们不知道的地方，我们已将自己的美丽或丑陋一览无遗地展现在他人面前。美丽要展现，丑陋要遮掩。举手投足间能感受到一个人的精神面貌，能感受到一个人的品行与涵养。所以，聪明的女人要懂得在举手投足间展示自己品德与涵养，在举手投足间获得别人的认可，这才是最高明的手段。

一个人的举手投足能决定他在人群中的形象，也决定了人气的多少，而一个人能聚拢的人气又决定他的成败。人有时候无须张扬，更不必雄辩滔滔，就能让你不战而胜。

我国香港艺人赵雅芝拥有超高的观众人气，正是因为在镜头前，她举手投足之间尽显优雅与高贵。即使年过半百，赵雅芝依然美丽，令观众喜爱。

当然举手投足流露出的不光是外在的美丽，还可以表现你内在的品味修养。在办公室里为别人开一下门，倒一下水，别人也能在你的简单举动中对你产生好感。出门时，给爱人一个深情的拥抱；在车流穿梭的马路边，用手拉住心不在焉的朋友，都能让人感觉心头暖意融融。

也有人说，举手投足能折射出一个人的内心世界，这其中当然包括气质与修养，所以为了不让你的形象下跌，一定要让自己的举止行为在别人面前得体，要知道一些小小的不雅表情或动作，就会将你的美丽破坏得一干二净。如今的女性经济独立，每天为了生活和工作奔忙，然而每天行色匆匆并不代表就要甩掉优雅，甩掉美丽。在激烈的竞争中，时刻要记住，优雅的举止是你赢得好感的第一步，是成功路上的加速器。所以，美丽与优雅，好感与人气，全在你的举手投足之间。

女人保留一丝神秘感，更能撩人心弦

克·莫利说，“一个人永远要保持一点神秘感。”此话不错。男人需要神秘感，女人比男人更需要神秘感。女人的神秘感就像宫廷舞女的面纱，撩人心弦。越有神秘感的女人越易引起别人的好奇心和关注的目光。恋爱中，

女人正是因为具有独特的神秘感才会吸引男人。让对方琢磨我们在想什么，适当的神秘感可以保持对方对自己的好奇心，但又不会拉远距离，减少互相的沟通。

在职场中，始终保持自己的神秘感，让别人想看透却又不能完全看透，这不仅会引起他人对你的关注，还能增加对你的好感。女人最忌将自己的生活琐碎及想法全盘托出，如果当一个人完全且彻底地了解你之后，你对他的吸引力将大大降低。

其实一个人的吸引力也能体现他的价值。成功者做事会让人惊叹不已。就如大导演拍电影，电影没上映，情节是万不可以泄漏出来的，一旦泄露了，就很难引起期待中的轰动及震撼效果。毕竟每个人都有好奇心，好奇心是人天生具备的。人的好奇心一旦被满足，那对于之前所好奇的事物就毫无兴趣可言了。作为女人，肯定不希望被别人遗忘在某个角落里，更愿意成为大众研究讨论的焦点。有位明星，刚出道的前几年因为不会讲普通话，面对记者追问的场合常常保持沉默，偶尔一次也只说一两句话，但往往能语出惊人。正是因为她的神秘，更加引起很多记者穷追不舍，从全国各地涌来的粉丝更是对其又爱又恨，令大家感觉从她嘴里说出的话都是金语，于是各大网站开始编辑她的个人语录，并且被网迷广泛使用。相反，也有很多明星在镜头前过多地表达自己，反而对粉丝没有太大的吸引力。

南怀瑾先生说，神秘感是这世界上最深邃且最美丽的情感，正是因为这种深邃与美丽，才让人们挖空心思去探索和研究。也就是为什么学识渊博的人都有一种神秘感，神秘是他们内心的文化色彩，让人喜欢去探究，却怎么也弄不明白。人类喜欢隐秘的情感多过直白的情意，这便是人的好奇心和解密心理导致的，很少有人能免俗。

黄女士作为老板的秘书，不知不觉已经做了一年多了，公司上下的事情她都处理得很周到，为人亲切和蔼而又不失威信。每天上班她都会以亲切又不失身份的笑容与同事打招呼，办公室里的员工都是称她“黄小姐”，只要有黄小姐出现的地方就有礼貌与尊重。在不知不觉中，连老板都很少叫她的名字了，有时候也很有礼貌地叫她黄小姐，特别是在客户来访时，老板与经理都是以黄小姐称呼她，这让她觉得自己受到了重视和尊重。确实，在平常的工作细节中，黄小姐虽说是老板的秘书，工作中都是听老板的吩咐，但很多细节都处理得很有风度。经理助理来这里干了很多年了，私底下她和黄女士走得很近，有一天忍不住问黄女士说：“老板对待他以前的秘书都是直呼其名，大呼小叫，心情不好时还免不了大发脾气，你用什么方法才博得他那么尊重的呢?”黄女士笑笑，只说了三个字：“神秘感。”

神秘感太重要了，在别人面前保持自己的神秘，就是吸引他人最好的方法。黄女士透露说：“与人打交道，需要说的就说，没必要的话一句都不说，最好是逢人只说三分，让另外的七分留在自己的心里，这也可以让人产生神秘感。”

神秘不仅有利于职场，在生活中，神秘感也是女人不可缺少的。神秘感能让爱你的男人对你死心塌地，让你将爱情牢牢握住。聪明的女人会把神秘感当做自己的面纱，吸引更多的人，获得更多人的尊重。

大方豁达的女人更能与人打成一片

坦率是从骨子里给人真实的感觉，是人的本性流露。与做作虚伪的人

相比，坦率者给人清晰持久的好感。著名的女歌手刘若英就是以一副坦率真实的嗓音，赢得了众多年龄段歌迷的追捧。她的声音让人觉得有其他人不具有的纯真与质朴，那是原生态的嗓音，久听不厌，百听不衰。这种随性的直白格调，让人无法模仿。

中国历史上的女性，在传统的封建制度下，总是以羞羞答答或遮遮掩掩的姿态在历史上亮相，这种女子在现代社会中也不难见到。她们的行为有时易让人很费解，甚至会给人带来压抑的感觉。做人坦率，与人接触时让人没有负担，才会令人收获更多。

有一名在加拿大留学的中国女孩，名叫乔安。她忙完学习的功课之后，晚上还要去附近的麦当劳打工，挣些生活费。为了在外国人面前塑造中国女孩良好的形象，在任何场合她都是以礼为先。刚去麦当劳勤工俭学时，领班的加拿大女孩总是毫不客气地对她，并且对乔安说话时，语气也近似命令的口吻。起初她以为领班女孩只是对新来的外国女孩才会有如此态度，待久了会慢慢改善。几天后，乔安发现在这家麦当劳里还有好几个都是外国的打工女孩，领班常和那几个新来的外国女孩有说有笑地去吃饭。她觉得很气愤，自己又没哪里做得不对，凭什么她总是对自己以命令的形式差遣？有一次乔安正在电脑前给客户结账，忙得不可开交，而那位加拿大女孩却叫乔安去端盘子。乔安本来就忙不开，回答说等她忙完了手头上的工作再去。领班女孩就用命令的语气叫了乔安两遍，乔安一直没过去。等乔安忙完了手头上的工作准备过去帮忙时，没想到领班已经到经理那儿告状去了，并且说她工作我行我素，完全不听安排。面对经理的质问，乔安忍无可忍，气愤地告诉经理自己是因为刚才顾客等着结账才没有及时帮忙，并且认为领班每次对她都是呼来唤去，态度极为恶劣。每个人都需要别人的尊重，她这样

就是不尊重别人！经理听了她的一番话，不仅没有批评她，反而教育了领班女孩一番。从那之后，领班女孩对乔安的态度有了明显地转变，渐渐成为好朋友。有一次两人高高兴兴地一起去吃饭，领班女孩对她说："听说你们中国女孩都比较软弱含蓄，你跟她们不一样，你比她们坦率，我喜欢你。"乔安想，平时别人一定是将中国女孩的温柔错认为软弱。乔安告诉她，其实中国的女孩跟她都是一样的，刚柔并济。

其实对待某些人本该坦率一些，让他们明白你的想法，才能获得更多理解与尊重。

面对繁重的压力，我们每天都在研究如何做人，如何做事，思考做人做事该如何圆滑，从而把自己率真的一面隐藏起来。在压抑的状态下生活，很容易让别人误会，所以我们不如坦率一些，把自己的要求清楚地告诉他人，把自己的满意和不满都通过语言告知对方，通过沟通来解决问题。

坦率也是一种美，在多种性格之中，坦率的气质独特，它不仅仅给人真与实在的感觉，还能为我们带来想要的东西。作为现代女性，不必过于执著职场的潜规则，有时表现出自己率真的一面，反而更容易赢得他人的好感与理解！

做一个人人愿意结交的、品格优秀的女人

从一个人的品格，能看出道德与修养水平。品格优秀的人往往会受人欢迎，并且能获得别人的尊重。而一个品格低劣的人必将遭人鄙夷，遭人唾弃。好的品格是一种道德美，更是一种素质美，是一种美的表现。人类向往

一切美好的事物，追求美好的东西，厌弃丑陋的东西。好的品学不仅能吸引众人，而且还能无声地打败敌人，让你成为令人瞩目的佼佼者。

每个人都希望别人会对自己有好感，而好感是靠自己的优秀的品格赢回来的，这样的人需要全方位提升自己的道德素养。

1. 尊重他人

与别人交往中，如果能尊重别人，那么他人也会回应同样的态度，因为尊重是相互的。懂得尊重他人是做人起码的礼仪，是必不可少的基本素质。人有身份高低之分，却没有人格贵贱之分，每个人都需要被尊重，每个人都有自尊。尊重每个人，才能受到所有人的尊重，才能赢得每个人的好感。

2. 理解他人

每个人都在为自己奔波，为自己着想，有时候众人的想法会发生一些分歧。所以需要经常换位思考，或许得出的结果就会完全不同。当我们不被人理解时，仿佛受到某种屈辱，内心愤恨不已，难以平衡。所以理解他人，才能创造和谐，更能体现你的可贵品质。

3. 不计较

想做到不计较，首先应具备大度的心理，还要有豁达的人生观。有些人总是在计较个人得失上花费了太多的时间和精力，这样不仅对人际关系有损害，还不利于自己的健康。不计较的人，内心光明一片，有利于提升自己的品德与修养。太爱计较的人不快乐，有损于健康，还会丧失朋友。有人说，一个人心里的容量决定了一个人成功的宽度，过分计较就会与成功失之交臂。

4. 保持积极向上的心

积极向上是完善自我的基本原则，也是抵达成功的必备心态。在积极

的状态中获得快速发展，在进取中得到相应肯定。有人说，人生就像手中的牌，输赢并非取决于牌的好坏，而是打牌人的心态，更取决于自己的内心力量，赢的机会是有的，只是看你怎么寻找和等待。不思进取的人只能在岁月中沉沦乃至失去自我，颓废在无人的角落里，没有人为之怜惜。人生要跨越千山万水，也要经历太多的倾盆雨夜，保持积极向上的心态，才是成功的重要保障。

5. 尽心尽力

不求尽善尽美，只求尽心尽力。我们尽心尽力经营每件事情，就是在尽心尽力地经营我们的人生。从生命意义的角度出发，金钱不是事业的唯一资本，对于任何事做到全力以赴才是最好的资本。我们为别人做事时，就算最终没有达到理想的效果，只要自己尽力了，就没有人会怪罪你。诸葛亮说，鞠躬尽瘁，死而后已，说的就是这道理，尽心尽力了就不会留下遗憾。

6. 要有爱心

世界再美好，没有爱心的存在，任何景色都会黯然无色；女人再漂亮，若没有爱心，也无法遮住她丑陋的内心。美妙的世界需要我们的爱心建造，就像歌中唱到的，“只要人人都献出一点爱，世界将会是美好的人间。”有爱心的人，如同夏日里的一棵大树，人人都愿意在下面乘凉，而没有爱心的人，则像树下的苍蝇，人人见了都要赶走它。

好的品格才能赢得别人认可，赢得别人的认可才能赢得整个世界。当魅力的光环笼罩着你时，你的光亮也必定照亮世界。当一个人真正拥有了好品格，魅力的光环才永远不会离你而去。

第⑪章 礼貌得体理解人意，知礼的女人更能赢得人心

中国有很多与礼相关的词语，“礼尚往来”、“礼多人不怪”、“有礼走遍天下”等，可见中国人对于送礼这种交际方式是多么看重。作为一名现代女性，在为工作打拼时，难免要为自己的人脉操劳，通过送礼来“表和气、表祝福、表友情、表心意”，自然是妥当又方便的感情沟通方式。但是礼虽好，也有送的诀窍。送礼送得好，大家都欢喜，送礼不懂技巧，却可能送出尴尬。具体该怎么做呢?

有“礼”走遍天下，知礼的女人受欢迎

“国尚礼则国昌，家尚礼则家大，身尚礼则身正，心尚礼则心泰。”这是我国著名思想家颜元的话。孔夫子的古训更是一针见血，“不学礼，无以立。”不懂礼的人，即是无礼之人。在我们的生活中，很多人文化水平高，知识也非常渊博，而留给人的印象却傲慢低俗。还有一种人，长得还不错，可就是不修边幅，说起话来粗声粗气，做起事来更是让人大跌眼镜。我们不得不深思原因，无疑就是“无礼”惹的祸。

俗话说有理走遍天下，无理寸步难行。实质上此“理”与此“礼”是相通的，“无礼”之人自然“无理”。生活中，有很多人往往只是因为“无礼”而吃了大亏。试想，有谁愿意被别人无礼对待呢？你对别人无礼，别人自然也就无礼于你。无礼之人，首先给人的感觉是低俗，没有教养。其次，无礼者的意识里没有尊卑之分，这点通常是让人产生厌恶感的罪魁祸首，导致很多人吃亏了还不知道问题出在哪里。

古时候有一个骑士，赶路时，因为不辨方向，刚好碰到一位老人在田间劳作。便停下马蹄，直接在马背上大声呼喊：“喂！老头子，到城里的路还有多远？”老头拿着锄头头也没抬，只是边锄着边说：“五里。”骑士听完，连声“谢”也没说，立刻抽打马背，狂奔而去。可是他走了十多里之后还是没有到城里，心里恼怒极了，想必定是那个老头骗了他，于是立刻掉头，回去想好好教训那个老头子一顿。他返回与老头相见的地方，质问道：“你刚说五里，结果我跑了十几里都没有进城，为何要骗我？”老头这次停下了手上的活，笑着

说："我没有骗你，我只是说'无礼'而已。"骑士这才明白，原来老人说的不是"五里"，而是"无礼"！细想自己刚才的行为确实有些无礼，于是语气变得礼貌起来，最终才得到这位老人的正确指示。

这位骑士正是因为不懂礼，而走了那么远的路，如果当初礼貌和善地向老人问路，他就不必跑过去又折回来。所以有时候办事时态度"有礼"或"无礼"，效果是完全不一样的，所以还是要有礼才能走天下。

据说上海某公司老总招聘员工时，首要条件就是"有礼"。

话说一群毕业生去一家大公司面试。很多人在大厅里等候，面试者安排员工给大家倒水喝，有些人随手一接，放在桌上。其中有一位，用双手接过水杯，还说了声："麻烦您了，谢谢您！"正是这个细节打动了老板，通过了老板的测试，他成为这些应聘者中唯一的录用者。礼貌也是投资，可以获得别人的好感和肯定。

一个人是否有礼和懂礼，可以看出一个人的品行与涵养。汉朝的开国皇帝刘邦开始并没有把儒生放在眼里，认为礼是无用的东西，有一次宴请大臣，却使他的看法发生了改变。他刚建立汉朝时，由于从他到大臣多出身低贱，都是一介莽夫，根本就不懂得什么是礼。于是在庆功宴上，群臣饮酒争功，喝得酩酊大醉，其中狂呼乱叫者有之，拔剑击柱者有之，宴会上下乱成一团。刘邦看到此情景，心中不由得忧愁起来。于是在高祖七年，刘邦接受群臣推举，使用叔孙通制定的朝仪制度，这才使国家体制步入正轨。

"礼"对我们的行为是一种规范，它约束不良的道德行为。"礼"也会美化我们的形象，在人与人之间能否建立更好的关系有着直接的意义。一个有"礼"的人不管在什么场合，与什么样的人相遇，都是受欢迎的。

礼貌是树立自我形象的第一步

有人说，“粗野是愚昧的胎记，礼貌是文明的证书。”礼貌是人与人之间交往的桥梁，中国人向来喜欢以礼优先，以理服人。

从学校的教育开始，文明处世，礼貌待人是每个人必修的课程。可以说，有时候礼貌胜于智慧，因为人们永远无法拒绝礼貌。礼貌是一个人的名片与标签，它上面写明了一个人的文化素质和道德修养。礼貌是相互的，把礼貌的名片带在身上，你会在不知不觉中赢得更多的尊重与友谊。

特别是对于一些刚入职场不久的新人来说，正是树立形象的时候。新人刚进公司的形象很重要，对以后的工作有非常重要的影响，一个礼貌的举动或一句不礼貌的话语，说不定会影响着日后工作发展的机遇。

阿英刚刚从一所名牌大学毕业，为了进入一家名企，她刻意买了一些有关面试方面的书，她非常注重礼貌和礼仪方面的内容。功夫不负苦心人，经过几轮考核后终于录用了。第一个月，她表现得十分有礼貌，不管碰到公司任何人，都主动地打声招呼，早上上班碰到谁都会说“早上好”，排队也总是让着别人。可过了几个月之后，她觉得公司里的人都熟了，跟同事也经常开些玩笑了，也不讲究那么多礼貌了，对男同事更是哥们长哥们短地叫着。上班连“早上好”三字也渐渐说得少了，她觉得没有必要。心情比较低落时，甚至头也不抬地走进办公室里，以前的礼貌都不见了。几个月过后，阿英发现同事渐渐不喜欢她了，可她的性格本来就是这样的，刚进公司时的礼貌完全是装出来的。

这就是问题的所在。刚进公司时，周围都是陌生人，阿英才能维持“礼貌”，而熟悉之后就“礼貌”不起来了。从大家渐渐不喜欢她就可以看出，人们都不喜欢没有礼貌的人，认为那是没有教养的结果。礼貌需要真心，出于自觉，这样才能博得他人的好感。

有位驻德国多年的大使，回国后写了一本回忆录，他在书里这样描写：在德国的公共场所，凡是有门的地方，走在前面的人，进去后总要向后面看看是否有人也要进门。如果有，他就会扶着门让后面的人进去，后面的人进去后也会礼貌地说声“谢谢”。几乎看不到有人一进门就把门一甩，扬长而去的举动。令人感动的是所有人都这样做，而且是自觉的。

这位驻德国大使告诉我们，礼貌是不分场合的，礼貌是自觉的，这是一种真正的精神文明。

礼貌是一种美德，在日常匆忙的人流中，礼貌应当形成一种自发的惯性。如果一个人住在深山老林中，想怎么着就怎么着，不礼貌也无妨，可毕竟人是无法独立生活的，人始终是离不开社会，离不开与他人打交道。在物质越来越丰富的时代，人的精神面貌也应逐步提升，不懂礼貌的人不仅让人觉得没有教养与素质，还会招来无数冷眼。尤其是在职场上，礼貌赢得的好感，有时会为你带来意想不到的好处。

俗话说：“礼到人心暖，无礼讨人嫌。”礼貌待人才能减少矛盾。礼貌是相互的，你对别人礼貌，别人自当以礼相待。人与人之间彼此真诚尊敬，氛围才会更祥和，人与人之间的矛盾才会更少，处事才能更轻松，世界才会更完美。所以，让礼貌之花在我们心中尽情开放吧！

气质礼仪是女人的第二张脸

礼仪在我们的生活中越来越重要了。孔子说:“不学礼,无以立”,说的就是礼仪的重要性。懂得礼仪的人能给人留下好印象,在重要的时候还能为自己赢得成功的筹码。无论生活多繁忙,也无论职场竞争多激烈,懂得礼仪的女人永远不会失去优雅与美丽。放眼中国的现代社会,礼仪培训班、礼仪培训书和礼仪专业培训课处处可见。礼仪,对今天的我们有不容忽视的意义。礼仪可以提高个人自身修养,美化生活,也能改善我们的人际关系。尤其是身在职场中,上司、同事与客户都会对身边懂礼仪的女性另眼相看。

一瓶清雅的香水,一套合体的职业装,也是对别人的尊重,加上沉稳细致的动作,你稳重有礼的形象将会给身边人留下深刻的印象。在我们的交际圈中,有的女性尽管长得非常漂亮,可平常一副大大咧咧的样子,言语粗俗,不懂礼仪,这样只会有损自己的身份与形象。而举手投足尽显优雅与内涵的女性,才能把自身的美展现得淋漓尽致。

懂得礼仪的女人不仅能够留给大家好印象,还有利于自己在事业上的发展。学习礼仪不仅是自身素养所需,也是提高竞争力的现实需要。

一年前,小美凭着过硬的专业知识,经过好几轮的面试竞争,终于进入这家外企做文员。当时正好是冬天,小美为了面试,不惜花费500元钱买了一套漂亮的职业装,100多元钱1支的唇彩,再加上面试时注重礼仪细节,给面试官留下了相当不错的印象。有的女性只是在找工作时才会注意自己的形象,而进了公司就完全忽略了形象礼仪,想怎样就怎样。小美就是这样,

自从进了公司，每天都是一件T恤衫，一条牛仔裤，头上绑个永不变化的马尾辫，在办公室里遇到开心事时左蹦右跳，活脱脱疯丫头一个。有一次老板的秘书出差了，老板打电话给小美要她陪同与客户开会议，会议开完之后还要一起吃饭。老板在电话中叮嘱她，明天陪客户时要注意自己的形象，行事注意一下礼节。小美既高兴又郁闷，高兴的是老板很看重自己，郁闷的是自己的工作形象在老板眼中居然那么差。

公司的职员出席重要场合时，代表的不仅是自身的形象，还代表着公司的形象，如果在客户面前表现不好或有失礼仪，不仅个人会觉得没面子，连老板都会觉得很没面子。

礼仪也是人际关系的调节器，因为每个人都希望自己受到礼遇和尊重，从而加深双方的感情；反之就容易产生抵触心理，甚至出现憎恶的情绪。

平常的礼仪我们把它分为两大类，一类是语言礼仪，另一类是形体礼仪。

语言礼仪最能表现出一个人的态度，是不耐烦还是诚恳；也能看出一个人的智慧，是轻浮还是深沉。除了语言要得体，音量要拿捏适度之外，切忌装腔作势。言谈简洁、文明且温馨，让听的人明白易懂，还要始终保持客气，让人从言谈交流中感觉到温暖。千万不要没有礼貌，对上不敬，对下不爱，重复啰唆，让人难以明白，态度还不耐烦，这都是有损礼仪形象的事。

形态礼仪是体型和姿态的展示。形态礼仪通常包括着装、站姿、坐姿和行姿，还包括一系列的肢体语言。中国古人有站如松，坐如钟，卧如弓的说法。形态礼仪就是指在身体静止或运动时，不可随意或夸张，更不能手舞足蹈，举止要有度。正是这些体态构成了一种无声的语言，从而向他人传达着不同的信息。

女人想塑造最好的形象必须从礼仪开始。即使天生没有闭月羞花之貌,沉鱼落雁之容,但适当的礼仪却能给自身的美添加几分。即使一开始做得不是很规范到位,但是有一个好的态度,加上长期坚持,一定可以将礼仪融入到我们的一举一动中去。如果知识能装饰女人的内心,那么礼仪装扮的就是女人的外表。做一个有魅力的女人要学会懂礼守礼,让礼仪成为你的第二张脸,成为你个人形象的标志。让礼仪伴随你的一生,也使你的人生芬芳优雅。

呵护情感,用人情维系关系

我国自古就是礼尚往来的国家。礼本身就代表着友好与祝愿。在当今跨越式发展的时代,无论任何场所,人情礼已成为人们的感情的重要投资,甚至直接关乎商业利益。

世上到处都有才华横溢却无用武之地的人,他们或许文采飞扬,或也有精湛到家的技术,但长期属于没有伯乐赏识的一类人。正如有才华的人并不一定有前途,想要有成就重要是与时代接轨,要有与时俱进的观念和行为。这本来就是一个精于人情世故的社会,如果你不懂得人情世故,在社会中将很难立足。

过节过年发个祝福信息,打个电话,朋友遇到喜事送束鲜花。虽然礼轻,但是情谊已到,时常联络感情让人感觉情更真,意更切。偶尔的祝福不仅能提升你在朋友心中的形象,更能让对方产生深深的感激之情,从而使双方的感情更加深厚。我们的生活中离不开朋友,而朋友之间需要感情巩固。

在适当的时候表现一下，让你处处显得人情味十足，会使朋友之间变得更亲密。

所以人情礼在当今社会，已经不再是示意友好的意思，还是一种社交和办事的手段。聪明的人会利用这种手段开阔自己的事业，为自己的前程搭桥铺路。

肖燕是某食品公司的业务员。8月15到了，她奔走于各大商场之间，为的是能更好地把月饼推销出去。去年自己推销给商场的月饼被一位顾客吃出了一根头发，商场的老板娘虽然与肖燕谈得来，但出了这种事情，虽然老板娘对肖燕没说什么，但是对食品公司还是采取了惩罚措施。肖燕一直考虑要不要上门拜访一下，去吧又怕吃闭门羹，不去吧丧失了一个大客户又觉得不甘心。为了业务能顺利进行，她特意从老家带了点广西特产，给商场里的老板娘送去。肖燕还听说老板娘爱喝茶，又特地请人炒了些新鲜茶叶，送给老板娘。由于肖燕的人情礼不断，后来这家商场里所卖的饼干类食品全是肖燕公司生产的。而老板娘还常夸她是个精灵的丫头片子。

肖燕正是用人情礼维护了她与老板娘之间的关系，笼络了老板娘的心，关键时才能促成了大的生意。

其实人情礼并非只是一种维护商业利益的手段，也可以表达浓浓的人情味，而有人情味者必定会受大家的欢迎。

社会中，不懂得人情礼的人恐怕是寸步难行。朋友圈、亲人圈和同事圈，每个圈都需要融洽相处，用心经营。有时想要对他们表示友好，需要通过某种形式来表达，最合适的表达方式莫过于人情礼，这是生活圈中不可缺少的礼节。

有人说不懂得人情礼，就是不懂得现代文明。这话说得虽然严重了点，

但还是有一定的道理。现代社会离不开人情,人情更离不开礼。人情礼愈演愈烈的情况下,我们也不能盲目跟风,聪明的人平时多送送小礼物,表示点心意就好,礼太重,会引起别人的不安。送一份心意并不需要为之挥霍大量金钱,太大的礼,有时会让人误以为有利益关系。

注重情感意义的交往,礼物轻重无所谓,把更珍贵的东西放在感情层面,怀馨香仁爱于心。

了解他人,做事合人心意

"千里送鹅毛,礼轻情意重。"这是中国人传统的礼品价值观。只要你选对时机,鹅毛有时比泰山还重;如果没选好时机,泰山也没鹅毛重。送礼的时机非常关键,送礼没选好时机,往往会被人拒绝,这将是多么令人尴尬的事。而无缘无故地送礼会让别人认为自作多情,令人误解,引起双方的不快。把握送礼时机,不管礼品轻重,总会让对方乐呵呵地接受,并且不会产生压迫感和不适感。

在别人需要的时候送礼,就像雪中送炭一样,让人更容易牢记。

建宁是磨具厂的磨具师傅,妻子是另一家企业的员工,因为企业效益不怎么好,妻子前段时间下岗了,眼看着家里两个孩子一个上高中一个上初中,负担非常重。建宁的妻子想再找份工作,可用人单位都嫌她年纪大了。

某天,建宁与同事一起吃饭,可是吃饭的人太多,等了很久还不见自己的菜上桌,突然想到妻子做的饭菜很好吃,为何不弄一个小餐馆呢?开个米粉店也好啊!生意好,说不定比在单位上班还赚得多呢。于是他回家与妻

子商量，立刻得到了妻子的认同。

因为家中没什么积蓄，建宁的小餐馆也没有请亲朋好友庆祝就开张了。建宁的徒弟看见自己的师母开起了餐馆，租来的门店没有挂招牌，只是用块木板写了几个有颜色的字，跟路标指示牌没什么区别。于是徒弟想，如果我去定做一块招牌送给师傅，师傅肯定会很开心。果然，当徒弟给建宁送来那块宽大的广告牌时，建宁夫妇十分激动。

送礼要送在前头。遇到亲朋好友办喜事，送礼最好送在别人前面，这样在别人收礼时就会觉得更有意义。如逢年过节，如果别人的电话短信已经收很多，你再把你的祝福短信发过去，就“淹没”在其他祝福短信之中了。别人都大包小包地收礼收累了，你再送去的礼物一定不如第一个送达的感觉好，更别想让别人对你的礼物格外重视了，说不定收礼的人转眼就将它忘得一干二净了。这样的礼，虽然不失礼节，但却意义不大。

给别人一丝惊喜。很多人送礼物时，总希望能给对方意想不到的惊喜。有时情侣之间为了赢得对方的惊喜，方法可谓千奇百怪。确实，让人带着一份惊喜去接受礼物，不仅能达到你想要的效果，还能让别人对这份礼物刻骨铭心。礼物送到这个层次，也算是成功了。惊喜的礼物不仅要注意送的时机，还需要智慧。

有一些适当的时机可以向别人表达我们的情谊，如生日时，我们可以送小礼物表示心意；同事朋友举行婚礼时，送点东西表示祝贺；当朋友生病时，就更需要买点东西前去探望。这些都是交际的时机。

此外，送礼时也要按照不同习俗送不同的礼。比如，中国有些地方认为双数是吉利的，一般家中办喜事都会选择双数的日期，而你送礼时就要根据当地的习俗来送。而有些西方国家则认为单数是吉利的，所以礼物最好是

单数，讨个吉利，别人也高兴。

送礼是门学问，时代正步入商业化，商业场上的人情礼越来越多，有时送一份礼物为的是谋求更好的发展，选择好送礼的时机，就如同抓住了表现的机会。懂得抓住时机送礼的人，一份礼物就能秀出你的大好前程。但如果送礼时机选得不好，反而会被别人误解。当然也可以避开热潮，在某人想不到的时候，挑一个适合的时间将礼物送上，也不失为一件有意义的事情。这其中的学问太多，把握好送礼的时机，才是送礼的关键艺术。

给人以雪中送炭的感觉

助人为乐是中国的传统美德，雪中送炭更让人刻骨铭心。

《红楼梦》中王熙凤的本事无须多说，她总是显示出一副贪婪的性格。当邢岫烟要省下月钱给父母，当了棉衣又让宝钗赎回来之时，书中提到："从此后邢岫烟家去住的日期不算，若在大观园住到一个月上，凤姐儿亦照迎春的分例送一份与岫烟。凤姐儿又怜她家贫命苦，比别的姊妹多疼她些。"若没有凤姐送给她的一份月钱，还不知道岫烟的日子怎么过。这份人情无疑是雪中送炭，如果邢岫烟有发达的一天，她肯定会更多地回报王熙凤。雪中送炭无须太多的言语，也无需感天动地。在别人无助时给她一些宽慰，无需大肆渲染，也无需唯美表达，就可以让对方感受到真诚的力量。

在职场中处理人际关系时，选择适当的时间，在别人需要时送上自己的一份真情，比在别人发达时送上千金都更能打动人。换个角度想，当我们有需要时得到别人的帮助，我们定将感激不尽，说不定会终生难忘。

东明是一家保险公司的职员，有一次去外地出差时顺便探望一位在外地的朋友。他们相约在一个咖啡馆见面，结果等了半天朋友还是没来。正当他起身想离开时，看见门口走进来一位顾客，他一眼就认出了那个男人。“这不是陈总吗？”他慌忙迎上去，“真没想到在这儿会遇见您。”陈总看了看他说：“哦，你就是那个卖保险的吧？我记起来了。”东明笑着说：“是啊，我还到您的公司推销过保险呢！怎么样，陈总，贵公司现在发展得不错吧？”陈总皱着眉头，叹了口气说：“你不要叫我陈总了，我的公司马上就要倒闭了。”东明一听，大惊失色，忙问为什么。原来陈总在前两个月投资的其他项目，赔了钱，弄得公司现在资金都周转不过来，即将面临倒闭。东明灵机一动，对陈总说：“我有个朋友在银行工作，说不定可以给您帮上点忙，如你有意，我可以现在就联系他。”陈总听了喜出望外，忙说“太好了”。东明立刻就拨通了那位朋友的电话，并很快得到对方的回复，表示愿意帮这个忙。陈总大喜过望，高兴得几乎要拥抱东明了。因为东明的帮忙，不久陈总的公司又恢复到以前的状态了。陈总为了感谢东明，不仅自己全家人向东明购买了保险，还介绍了很多的大客户给东明。

朋友之间一起哭永远比一起笑更难忘，俗话说患难见真情，一起经历过困难的人更容易惺惺相惜。当一切繁花似锦都离你远去，我们渴望的只是一份小小的关心，就会让人置身于幸福之中。在办公室里，常常会有这样的例子，只要我们多留意一些，多关心他人。聪明的女人不仅要会雪中送炭，更需要知道该如何雪中送炭。每个人的心中都有多种需求，有急，有缓……用我们的慧眼去观察，用我们的善良去给予，这不仅是回归善良的本性，也会有更多的人记住我们，为我们的人生平添金钱难买的财富。

当然，雪中送炭并非只在行动上，也可以表现在语言上，这虽然不是物

质之炭，可以称之为精神之炭。雪中送炭是一种给予，没有给予物质上的可以给予精神上的，一句温暖的话语也可鼓舞人心。不管是生活中还是职场上，处处可以雪中送炭，也就是处处都有契机，就看我们是否善于去发现，是否善于利用。

当别人有困难时，我们付出的无须太多，有时候精神支持的一句言语，就能为你的人生储存真情。

礼物要把握时机场合才能显示出意义

如何送礼，送什么样的礼？确实让很多人费尽心思。表示一下心意，花点钱没关系，最怕钱花了，礼却送得不妥当，反而让人觉得无趣。所以说送礼确实是一门学问。花了钱却买到不是，买到尴尬，让人面子尽失。

送礼不可没有缘由，有些人确实想表达下自己的心意，或心存感激，或手头宽裕，或求人心切，如果一个人平白无故总是给自己频频送礼，不但不会得到别人的好感，反而会让人心存疑惑。所谓无功不受禄，收礼的人反而接受或不接受都觉得为难。

送礼最好选择节日。逢年过节，正是人情礼往来的高潮，通过这个时机表达自己的情谊，别人更容易接受，而且接受的理由也充分。新春、元旦、中秋……都是表达友好的机会。除了在节日时送礼，也可以在别人生日或纪念日时表现一下，送出你的人情。当然节日送礼只能提前，但也不能提前太多，不能在节日后再补送礼物，如果端午节都过了，你才送上鲜美的粽子，那就是毫无意义的举动。

注意，不要在别人出门时送礼。

某家公司职员，回老家时特地带了点家乡酿的米酒送给领导。他本想拿到公司直接给领导送去，又怕别的同事说闲话，就决定星期天自己亲自送到领导家中。星期天，他拎着几瓶酒就出门了，只可惜领导家里没人在。他本想拿回去，可是还有事在身，总不能再拎着这几瓶糯米酒去办事吧，而且液体的东西在公交车上很难带。幸好领导家里有院子，院子的大门没有锁，他拿出电话想给领导打电话说明一下情况，可恨的是手机又没电了。他就把酒先放院子里，想明天上班时再告诉领导那酒可是他送的。第二天领导向他交代完工作任务后，他正准备向领导说明，没想到领导说："昨天不知道是谁放了几瓶酒在我家门口，不知道是谁放错了，还是怎么了？"他刚想说是自己放的，领导又接着说："不过那东西已经被我扔了，说不定是哪个谋财害命的，里面投没投毒都不知道。"职员只能把刚张开的嘴巴又闭上了，心里是想说："那是我送给您喝的。"可是就像吃了黄连，有苦都说不出。

这种事情怕是谁碰上，都有说不出的苦吧！所以不能盲目地送礼而不注意时间，本来可以收获别人的一番感谢，结果却弄得自己很尴尬。

时间合适时，我们也必须分清场合。礼尚往来是双方的事，在不需要的时候没必要让三方介入其中。当着一大堆人的面送礼，有时会让人觉得难为情，送礼最怕出现窘况。并且在众目睽睽之下送礼，会让别人怀疑你们之间只是靠物质来维持关系。有的人去某人家送礼，正当主人迎出来的时候，自己还没到门口就把礼物当宝贝似的掏出来，中国人收礼本来就喜欢半推半就，两人便在门口拉拉扯扯，本来高兴的事，却弄得见不得人了似的。其实送礼的人完全可以先进屋，坐下后将礼物拿出来，这样送方与收方都会比

较自然。再者不可当着同事的面给领导送礼，办公室本来就是硝烟弥漫的地方，若是你这么把礼一送，别人会觉得你是在讨好某个人才做出如此举动，而收礼的人更觉得尴尬，可能会因此而拒收礼物。

其次送礼时还要注意自己的态度、动作和语言表达。平和友善且落落大方，并伴有礼节性的语言表达，才是收礼方乐于接受的。千万不能光注意东西的价值，其实是便宜还是贵重，收礼方自会掂量，一定要用谦虚的态度，无论礼物是否贵重，你的情义远超过礼物本身的价值。

礼尚往来本是为了更深的情谊，当别人送给你礼物了，你当然要还予人家礼物，正所谓投桃报李。送礼是一种文化，从中国几千年前一直传到今日，这是人性美德的延伸，值得我们传承下去，但至于其中的尺度，一定要掌握好，这样不仅加深彼此之间的人情味，还能让你的人生更幸福。

你的礼物要显情感独特之处

中国是个文明古国，礼仪之邦。在喜庆的节日，亲朋好友之间相互往来，加深感情，也能突出情谊。礼物无须太重，关键在于合适和巧妙。

送礼在中国是每个人都应该了解的人情世故，女人也是如此。女人不仅要懂得送人情礼，而且还要懂得对什么样的人该送什么样的礼，投其所好，把礼送得更具有实在意义。

送礼本身是件有学问的事，送得好则人人欢喜，送得不好则让人尴尬。需要我们加深感情的人通常很多，如果不懂得生活中的礼数，有时难免闹得自己很难下台。在生活中，自己要慢慢地去体会周围人的需要。

1. 给长辈送礼

长辈是我们人生的导航灯，在我们茫然时为我们指明道路。长辈也如松柏，在充满困境的生活中为我们遮风挡雨。对于这样的人，我们应表达出我们的感恩之心，送出我们感恩之情，让他们获得心灵上的慰藉。大多数长辈年纪都比较大，所以更适合送与健康相关的礼品，这是年迈的他们最需要的，还能表达了你的孝心。此外，我们还可以送与回忆相关的物品。长辈喜欢感叹流年飞逝，每个人的生命中都有许许多多值得追忆的事情，让长辈怀念曾经的欢乐，更能令他们内心感动，这也是他们内心深处最想拥有的东西。

2. 给晚辈送礼物

晚辈正如年轻时的我们，需要长辈的指导与呵护。在他们茁壮成长的阶段，很可能会因为某些事情而改变未来的命运。所以长辈送晚辈东西，应该送一些对人生道路有启迪的礼物，根据他们的特长来送礼物更好，这样不仅能赢得他们的喜爱，更可以提高他们的思想，拓展他们的思维领域。书籍与学习用品类的礼物也是上等之选。

3. 给领导送礼物

给领导送礼送的是人情，不仅可以感谢领导的常识和加薪，还能促进双方的感情。送领导礼物首先要了解风俗禁忌。礼物的轻重不要紧，要注重它是否具有意义，具有意义的东西才能深化你们之间的感情。送礼时不必张扬，在领导需要时送上才是最好的，这就需要我们平时多加了解和留心。

4. 给经济情况欠佳的人送礼

经济情况欠佳的人往往注重实惠，所以送礼物时最好就挑一些实用

的东西。若花了很多钱买了幅画,别人心里虽然感激不尽,可是不如买实用的东西,改善生活更好。这是送礼人的失败,没有把礼物送进别人的心坎。

5.送给富人的礼物

富人注重的是品位与特殊性,换句话说他们注重的不是物质而是精神。例如,精美包装的小礼品或土特产。价钱不管贵不贵,尽管送些稀有的东西。即使你花上1000元送一份常见的东西,他也不会觉得稀奇,对这份礼物更不会留下深刻印象。

送礼给别人,对待不同的人需要有不同的方式,针对每个人的特点和需要送上自己的礼物,关键在于适不适合与心思巧不巧妙。

当然,现代社会人情礼愈演愈烈,人们的礼物也越送越贵,偏离了原本礼尚往来的本意。对于普通家庭来说,这样一笔开销是一笔沉重的负担。我们应该让送礼向本意回归,让礼物中感情的比重增大一些。情感比礼物更重要,更能打动人心。所以在给别人送礼时,不要忘记也要附上我们的真情实意。

第⑫章 好命的女人会借力，善交朋友获取帮助成大事

清朝红顶商人胡雪岩曾说："一个人的力量到底是有限的，要成大事，全靠和舟共济，说起来我什么都没有，有的只有人脉。"古时候，人们就用经验验证了成功需要人脉的真理。对于现代社会，没有人脉的人将会处处碰壁，寸步难行。聪明的女人要了解如何打造自己的人脉，怎样建造自己的人际关系网，如何维护自己的关系圈。这些问题在本章我们将一一探索。

女人打拼更要讲究诚信才好立足

有位名人曾说:“一个人只要对别人真诚,两个月之内就能比一个要别人对他真诚的人两年之内所交的朋友还要多。”这句话道出了成功交友的道理。诚信二字是成功人生的法宝和秘诀。

人们熟悉的成功人士,没有一个不是讲诚信的模范。李嘉诚是一个白手起家的商界枭雄。曾经有记者采访他时问,什么样的秘诀使他获得了伟大的成功,李嘉诚只说了两个字,那就是“诚信”。

诚信二字即真诚守信。所谓“诚”,就是心里想的和做的一致,“勿自欺,勿欺人”;“信”则指言而有信。言而有信是做人的美德。守信不怕难,诚信意要坚,这样获得的友谊才有质量,这样的人生才经得起风吹雨打。

作为女性,不仅要面对工作中的人事纠葛,还要处理家庭中细小琐碎的事。我们每时每刻接触的人都可能会对我们产生一定的影响,只有营造和谐的人际关系,我们才能愉快地工作和生活,而这一切都需要用“诚信”来换取。

诚信就是讲信义,也就是说话算话。中国自古就重视一诺千金,不守信或玩弄诚信的人将失去别人的信任,最后吃亏的一定是自己。

4000年前,曾发生过一场啼笑皆非的“烽火戏诸侯”闹剧。话说周幽王有位非常宠爱的妃子叫褒姒。褒姒不爱笑,周幽王为了博美人一笑,下令将都城附近20多座烽火台都点起烽火。烽火是边关报警的信号,只有

在敌人入侵需召诸侯救援时才能点燃。结果众诸侯看到烽火，率领兵将们匆匆赶到，才知道是周幽王为了博妃子一笑的花招，个个都愤然离去。褒姒看到平日威仪赫赫的诸侯手足无措的样子，终于开心地一笑了。5年后，西贵太戎大举攻周，周幽王烽火再燃而诸侯未到，因为谁也不想在大动干戈千里迢迢地赶来上第二次当了。结果周幽王被杀，而宠妃褒姒也被俘虏了。

一个帝王的无信，玩"狼来了"的游戏，玩出了自取其辱，玩出了国破人亡。可见一个人失去诚信，造成的后果是多么的可怕。

诚信是扩展人际关系的一盏明灯，照亮自己前进道路；诚信是人生道路上的一支画笔，让你前行的未来更绚丽。诚信在我们心间占据了重要的位置，它洗去心灵上的尘埃与俗物，所以不管人生道路行程有多艰难，有多遥远，带上诚信，时刻把它放在心间，相信道路也会越走越宽。

汶川大地震发生后约100个小时，在四川什邡市汉旺镇，已近昏迷的刘德云被救援官兵抬出来，他的左手腕上歪歪扭扭地写着一句话："我欠王老大3000元。"他告诉女儿："如果出不来，手腕上那句话就是留给你的遗嘱。"这是用生命演绎的诚信，道出了诚信的可贵，自己在生死边缘挣扎时还不忘记诚信，相信很多人都会为之感动，更能感染我们，告诉我们诚信比生命更可贵。

诚信是一种美德，诚信也是人格的力量与魅力，如果一个人始终坚守诚信原则，不仅能得到更多人的信任，也能用你的真诚感染周围的人。反之，失去了诚信，就如同丢失了为人的基本尊严，更别谈人生的豁达与发展，只能是像周幽王一样，品尝自己酿下的苦果。

女人拥有诚信，不仅口碑好，也会因为诚信而魅力四射。人活着不仅是为了吃饭，一个信守承诺的人，会让更多的人信任和追随，会结交很多知心的好友，人生的最高价值也莫过于此，那才是灵魂的真正归宿。

历史的长河无声地流淌，仍然在倾诉着激励人上进的故事，倾诉着人生价值的意义所在，而价值与成功成正比，伟大的成功靠诚信打拼，所以人生的价值也是靠诚信来赢得的。

把陌生人变成朋友才能获得更多机会

生命中没有陌生人，只有来不及认识的朋友。放眼天下的成功人士，身后一定有广阔的人脉。螃蟹走路之所以横行，是因为它的腿多，而人能否独揽一方，取决于你到底有多少朋友。人生的旅程中，不可能一生只有一个朋友。

每个人背后都有自己的关系网，但一个人的关系圈往往太单薄了，对自己事业有帮助的朋友没有几个。聪明的人想扩建自己的关系网，就要从别人的圈子下手。例如，你要找多才多艺的朋友，在自己的圈中又找不到，也许在朋友的圈子里就会有收获。正如人们说“浪里淘沙，沙里淘金”，就是这个道理。需要沙子要去浪里淘，需要金子要去沙里找，人与人之间并不是孤立无关的，整个社会就是一个最大的人脉圈，只看你如何利用，如何挖掘。

虽说我们不应该错过每一个把陌生人变成朋友的机会，但如果只靠把陌生人变成朋友，逐渐建立起人际网，难度很大。我们应该拓宽思路，首先

把朋友的人脉网打开，把朋友的朋友变为共同的朋友，再把新朋友的朋友同样也变成共同的朋友，这样你的人脉网一下子就会强大起来。

玉婷与小娜是同事关系，因为小娜在公司的职位比玉婷高一级，所以平时对玉婷并没有特别在意，甚至在业余时间讨论小事她也要占上风。正是这个特征，却让人感觉小娜是一个能力很强的人，周围听从她意见的人也越来越多，所以玉婷若是与她关系不好，就会感觉是与众人不合。虽然小娜为人高傲，但高傲的人总得有高傲的理由，她不屑与地位低于她的人交往，而且她身边确实有很多比她地位高的朋友，有好几个朋友甚至是公司的部门主管或科长。玉婷觉得自己身边没有什么朋友，一直比较喜欢独处。一个偶然的机会，小娜和几个朋友一起吃饭，顺便叫上了玉婷，在饭桌上玉婷表现得异常开朗，小娜的朋友对她印象也颇好，为此很快就熟识了，经过玉婷的一番努力，一个多月后小娜的朋友把玉婷调到了他的部门，而那里正是公司最好的部门。

一个普通人认识的朋友毕竟是有限的，就像玉婷一样，起初在她的朋友圈中，小娜虽然可以称得上是她的朋友，但她在小娜身上并不会获得帮助。反而通过小娜去认识了小娜的朋友，得到了提携。她就是借助了别人的人际关系来扩充自己的人脉，从而获得发展。

如果你想做一番事业，就必须像玉婷这样，虽然未必能一招定江山，但至少在不断充实你的人际关系网，在你未知的人生轨迹上又伏下一批属于你的重兵。每个人都不知道未来会发生什么事，但可以未雨绸缪，只要我们有足够的人脉，未知的世界也将会为我们打开成功之门。

有人说，人际关系不是上帝，却可以像上帝一样使人上“天堂”或入“地狱”。没有人愿意下地狱，所有人都想上天堂，人际关系越宽广，生活越充满

阳光。马云说:“人脉即是钱脉。”所以储存朋友就是在储存金钱,如果你想未来的日子可以财富多多,金钱多多,那么就要从现在开始储存人脉,结交更多的朋友,多一个朋友就是多一个赚钱的机会,当你把别人的人脉变成自己的人脉,就像是在把别人的金钱变成自己的金钱一样,这样的感觉一定不错。

打通人脉有时候是件很简单的事情,经营人脉却是件非常不易的事情,它需要我们不断提升自己的素质和修养,由始至终对朋友保持同样的热度和情谊。隔三差五地给朋友打个电话,时不时约朋友吃个饭,节假日不忘给朋友发个祝福的信息,朋友有求于你时要大方地伸出援助之手等。经常联络感情才能称之为朋友,人脉就是需要许多朋友才能够维持,没有人喜欢“有事朝前,无事靠后”,有事求人时笑脸相迎,恨不得天天黏着人家;没事时招呼都不打一个,这样的人没有人愿意和他交朋友。朋友贵在知心,友情往往很容易建立,想要长久维持,还需要从多方面琢磨,用心经营。

想要在当今社会立足,想成就自己的事业,拥有自己的人脉圈是非常重要的一步。懂得交朋友,又会经营人脉的女人,才是时代需要的女人。关系网就是一个组织,而每个人都在不同的组织之中,将陌生人变成朋友,就是将许多陌生人变成朋友。只要我们懂得努力开采并挖掘,从朋友的那里获取朋友,再从陌生人那里获得更多的朋友,总有一天你会尝到人脉广阔的甜头,这是打开交际圈的奥秘,也是事业成功的捷径。试着做一个懂得结交朋友和扩展人脉圈的知性女性吧!

用“谢谢”拉近与他人的距离

“谢谢”是这个世界上最美好的词语，也是世间最能表现和谐的词汇。作为当代女性，如果不懂得说“谢谢”，就会失去自己的魅力和好感度，因为女性的个性特征就包含着礼貌与和谐。有些人说这两个字时，只不过是一种应付，并未真心表达出自己的感谢之情。要说“谢谢”，要由心而发，一句心不在焉的“谢谢”，让人感觉不到你的真诚，更感觉不到你的温暖，甚至还会让人不高兴。

当一个人提着旅行袋，站在人海茫茫的火车站，一定会感觉自己只不过是人海中的微小尘埃。当背上你的行囊，尽管已经知道了目的地，却也有迷失方向时候。人生就如一次旅行，随处都可能碰到问题，遇到困难，我们要去寻找能够帮助我们的人。当然，别人也可以选择是否帮助你。这就需要我们带着一颗虔诚的心去求助。当问题解决后，请说声“谢谢”，让别人感受到你的感激之情。虽然有时别人只是举手之劳或只是付出一句言语，但只是一句真诚的“谢谢”，也会让人深感自豪。有人为了帮你而忙得满头大汗，很疲惫，通过一声真诚的“谢谢”，会立刻让人感觉温暖，甚至心甘情愿地帮助你。

我们的社会是个和谐的社会，多说几声“谢谢”就能增添这份美丽。从小的方面说，这反映出自身的道德修养；从大的方面讲，这也是在为社会和谐做贡献。善用“谢谢”也是一种难能可贵的情商，特别是在别人没能帮到你的时候，你的礼貌则是你们深入交往的延续。

聪明的女人会整天把“谢谢”挂在嘴边，在生活中与职场上，都需要女人表现得彬彬有礼，当然也包括男士。不管是为了社会的和谐，还是展示我们的情商，“谢谢”始终是有利于自己的重要的工具，有时候也能为我们人生赢得机会。当我们在向他人道谢时，必须怀着内心的真实感情。虚伪的感谢还不如不说，滥用“谢谢”，只能扰乱社会风气，让他人对此人的品格产生质疑。所以，用我们最真诚的声音，多说几句“谢谢”，你会在人生旅途里捕获更多的收获。

记住他人的名字显示自己的尊重与重视

戴尔·卡耐基曾说：“一个人的姓名是他自己最熟悉、最甜美且最妙不可言的声音，在交际中，最明显、最简单、最重要且最能得到好感的方法，就是记住别人的名字。”

每个人都希望被尊重，而能迅速且清晰地叫出对方的名字，正是尊重对方的表现，因而很容易使对方对自己产生好感。

有位作家上小学时，家里很穷，在学校里也不喜欢说话，因此总得不到他人的关注。又因为他的成绩不好，就连班主任也未曾注意到他。因此他很自卑，总是一个人在某个角落做些惹人注意的举动，就这样沉默与自卑地读到初中。在初中他依然沉默，他以为将会就这样上完初中，以他的成绩是无法考上高中的，所以打算读完初中，就跟着自己的父亲学做木匠。

刚上初中时，学校调来了一个年轻漂亮刚刚大学毕业的女老师。在一

次作文竞赛上，这位年轻的女老师点名要求学生参赛，居然点到了他的名字。虽说他总是沉默寡言，但喜欢写日记，可以前的老师几乎都不关注他，甚至有的老师教了一个学期都不知道他叫什么名字。他幼小的心灵一瞬间似乎被春风给吹暖了，对这位老师满是感激和崇敬之情，他第一次被一位老师叫出了名字。从来没有被人看重过的他，那一次，因老师的关注而深受鼓舞了，他获得了全校作文竞赛一等奖。人的潜力大多是在鼓励下发掘出来的，之后便一发不可收拾，不仅参加学校组织的作文竞赛，还参加市区举行的作文竞赛，并且各科成绩都直线上升，每次考试不仅是全班第一，还把第二名甩得远远的，以至全校老师都知道他的名字，其中还包括没有教过他的老师。

别人叫出自己的名字，对于一个孩子来说，是人生的重大鼓舞和改变。不仅仅是学生，成年人又何尝不希望别人记住自己呢？当你弄错或叫不出别人名字时是否会觉得尴尬？相反，当别人弄错你的名字时，你心里是否也会不高兴，甚至对这个人产生厌恶之情？

名字是一个人的代号，是自身的标志，如果两个人连对方的名字都不知道，那么他们肯定不会存在着所谓的亲情和友情关系，如果你想得到别人的帮助，而却叫不出别人的名字，如何奢求别人帮助你呢？

有一个年轻人专门承包给别人装修房子。经朋友介绍，认识了一位房东。在风格与价钱上两人都谈好了，只差一点材料问题，房东给了他一张名片，他看了一眼小心翼翼地放进口袋里。几天后，他又去房东家再次确认这件事情，给他开门的是一中年妇女。中年妇女打量着他，问他找谁，他一下子慌了，居然把人家名字给忘了，于是就尴尬地说："嗯……那个，我是来找需要装修房子的人。"妇女便请他进去，上次谈装修的男主人笑脸相迎地走

出来了，最后委婉地解释因为资金问题，房子打算不装修了，并且说了很多抱歉的话，这位年轻人失望而归。后来听介绍人说，原来是因为男主人听到了他跟女主人的对话，男主人觉得一个连人家名字都记不住的人，让这样的人房子装修能放心吗？

正是因为忘了对方的名字，这位年轻人损失了一笔生意。尽管别人的名字只是称呼，但是认识过后能够顺利叫出别人的名字，是对对方的一种尊重和重视。据说拿破仑就能记住手下所有军官的名字，他的将士对他忠心耿耿，愿意为他效劳，这也是原因之一吧！

记住他人的名字不仅是一种礼貌，也是一种感情投资，大声而清晰地叫出别人的名字，可以为以后的交往建造友好的感情基础。当别人叫出你的名字时，你肯定会责备自己竟然还不知道别人的名字。所以，在我们的生活中，要很快记住他人的名字，更不能记错。不是每个人天生都有能记名字的特长，这需要我们培养良好的习惯。相信这样做，你的人际关系会越来越和谐，人缘会越来越好。

与人分享甘甜，才有人愿意与你共苦

雷切尔·卡森曾说："好咖啡要与别人一起品尝，好机会要与朋友一起分享，所以我们必须与其他的生命共同分享我们的地球。"

不懂得与人分享的人会变得自私自利。人们常说有福同享，有难同当，我们痛苦时，希望能找到倾吐的对象，为自己分担一些忧伤与烦恼。当然我们开心时，也必须学会与别人分享你的喜悦与成绩。生活中，往往做到有难

同当容易，做到有福同享就很难了。

懂得与别人分享的女人是大方而优雅的，这是一种成功的境界，也是一个人的智慧升华。一个单独的人需要这种精神，一个团队更需要这种精神。有些人在生活中喜欢处处计较，生怕自己吃了亏而让别人占了便宜。倘若自己占到了一点便宜便在心中暗喜，这种人永远理解不了分享的快乐，也永远不能与团队拧成一股绳。

这本是一个合作的社会，我们不懂得与他人分享，就是在毁灭自己的成功。当你得到利益时能与别人分享，那么别人也愿意与你分享自己的成果。懂得分享，也能学会如何关心他人，关心自己；欣赏他人，欣赏自己。在交际中磨合更好的关系，随时知道自己在人际群体中的作用与地位，这样也能达到扩大人际网的效果。不懂分享的人是可悲的，而无法与他人分享又是痛苦的，这种人只能在孤独的自我中流连，永远独居自我建造的窄小世界里。

上海一家很有名的电器公司，曾经出了一道有奖征答的题目，题目是"从上海到伦敦怎样去才好玩？"参与这次有奖征答者异常踊跃，书信犹如雪片一样从全国各地飞来，其中不乏教授与大学生，也有上班族和家庭主妇。答案无所不包，创意更是无奇不有，最后揭晓的结果却让人出乎意料，那是一个小学生的答案，他说："和好朋友去最好玩。"这条简短的答案一致获得了评审们的认可。分享的快乐，远远胜于独自拥有。

与别人分享自己的快乐，就可以获得两份，甚至多的快乐。因此，我们的心灵才会感受到更明媚的阳光。就像在漆黑的夜里，盲人给行人照明，这种做法看似荒诞，而实际上盲人在给别人照亮了道路的同时，也使别人能够看到自己，从而避免与自己发生碰撞，这也是在方便自己。

我们的人生又何尝不是这样呢？每个人的内心都会牵念一份情感，当看到别人为我们投注情感时，我们当然就会为之一颤，为之感动。与别人分享利益更是一种奉献精神，只有懂得付出的人，才能收获更多的回报。自己有好处时，多考虑他人，别人日后也会考虑你。所以，这不是在付出，而是在投资。有句话说得好，21世纪的成功秘诀并不在于你赢过多少人，而在于你帮过多少人。与朋友分享自己的好处，也是一种帮助。所以将我们的好处与别人分享，并不是白白地让利给别人。聪明的人懂得适当与他人分享好处，等我们需要时，别人会加倍奉还给你。

说话三思，切莫失言吃亏

`生活中，常常可见出口成章的人，他们的话语永远都富有条理，充满逻辑，字字深刻，针针见血；同时也有一些人一开口就让人发笑或惹人讨厌，他们的话语永远不经过大脑，思想永远比嘴巴慢。未经思想的话，说出来往往不是伤害了别人，就是伤害到自己。有的人正是因为说话之前没有考虑一下，便脱口而出，造成了不可挽回的后果。如果仅是一些生活中的小事，别人习惯了，只当你是缺个心眼。可在某些场合中，缺乏斟酌的言辞却会给你造成极大的损失。

有一家工厂专门生产手套，每年的七八月份都非常忙，因为量多时间短，做工时有些疏忽，这次面临一个海外的大客户退货。老总听闻后匆匆忙忙从外地赶回来，召集公司有关部门领导开会。余敏是质量部经理的助理，因为经理在外地出差还没有回来，所以需要余敏参加会议，汇报情况。

余敏来公司还不到3个月，但是因为她好学，公司的大致情况还算基本掌握。

这是她第一次见到老总，心想应该趁这次会议好好在老总面前表现一下。会议终于开始了，余敏把精心准备的资料汇报了一遍，之后老总又要求与此次事件有关的人员发表一下对客户退货的看法，并且提出相应的建议和措施，余敏为了表现自己，也没顾及在场众人的诧异目光，大胆表达了要加强质检的力度，还严厉地批评了生产部门的疏忽，以及不要只顾产量而不要质量。余敏的论证很充分，表达也很完美，她对自己的表现相当满意，但是奇怪的是老总对她的发言并没有做出任何反应，而是很礼貌地说了声“下一位”。从那之后，生产部门的领导明显冷眼看她，甚至有时故意刁难她，逼着她经常去经理面前告状，次数多了，这让她很为难，刚过试用期没多久就离职了。

余敏的本员工作是质量部的经理助理，质量出了问题，不仅仅是生产部门的责任，质量部门也有相应的责任，而她却把大部分责任推在了生产部身上，对公司提出的评价与建议即使是出于对公司的忠诚，也过于偏激了，而老板并没有任何表示，则是觉得这位新来的女员工说话太轻率。像生活中这样没经过大脑说话的例子很多，没有严谨的思考到最后只能祸从口出，对自己造成意想不到的损失。

身在职场，对工作我们不能只凭一份忠诚和热情，还要有清晰的思路和谨慎的言辞。都说“饭可以乱吃，话不能乱说”，说出去的话就像泼出去的水，一旦说出口就无法挽回。什么样的话该说，什么样的话绝对不能说，职场女性一定要心里有数。

真正的成功人士说话严谨有度且清晰流畅。之所以能这样，并不是他

们先天占有什么优势,而是靠平时的积累和训练说出来的,遇到什么样的事情先思考,后说话。大脑绝不弱于嘴巴,说话就如下棋一般,没法悔棋,只能落子之前慎重考虑。

说话前先考虑,可以锻炼一个人的思维反应速度,也能使一个人的性格渐渐地走向稳定成熟。言语表达本来就是一门艺术,见什么样的人,就该说什么样的话,而且要分清说话的场合。我们不妨先做到以下几点:

(1)与别人谈话时多使用文雅的句子,优美的言辞能让人感受到你的涵养和礼貌。

(2)针对不同的人,对语言理解和文化水平的不同,选择不同的表达方式,避免因理解错误导致沟通不畅。

(3)在别人说话时即使自己持有不同的观点,也不要急于发表自己的见解,这样只会因为打断别人讲话引起别人的厌恶。

(4)在自己心情浮躁或生气的情况下,也要考虑自己的语气与用词,考虑一下自己说出来的话会不会给对方带来不良的后果。

(5)不要随便发誓或承诺,以免自己做不到。

(6)不管在什么场合,都不要用命令的口吻对别人说话。始终面带微笑,才是保持魅力的秘诀。

女人做事要稳当,操之过急容易出错

操之过急是人生成功的最大忌讳,它是阻碍我们发展的那堵墙。李大钊说:“求乐的人生观,才是自然的人生观,真实的人生观。我们应该顺其自

然，立在真实上，求得人生的光明，不可陷入勉强虚伪境界，把真正人生都归于幻灭。”是的，如果一件事物没有经历该经过的过程，没有顺其自然的发展，那最终也只能徒劳一场。俗话说，顺其自然才能驾驭自然。操之过急的举动，反而会使事物的发展越来越糟。

也许在竞争力如此激烈的时代，面对着别人成功自己失意的时候，我们的内心确实会情不自禁地焦急起来。然而，着急并不能带给你任何帮助，甚至可能会弄巧成拙。不管你在任何时间任何场合，处理任何事情，操之过急是万万不能的。就像我们的心跳频率一旦加快，就是处于不正常的状态一样，会发生事故。遇到紧急的事情，我们更应该心平气和地面对，冷静地分析。操之过急只能使人易走入误区，导致不在误区中失败，就在误区中消亡的境地。

在职场中，就算你是一颗超级彗星，光芒耀眼，要是领导不给你机会，根本就无法大显身手。遇到这种情况，抱怨没有作用，只有更努力工作，等待机会，在工作中适当表现自己，领导会看在眼里，总有一天给你机会。

想要成功必须避免浮躁；要想成功，就必须控制操之过急的行为。操之过急会蒙蔽我们的双眼，令我们失去理智，在这种状态下，何论成功？有的事情根本就是急不来的，正如幼小的孩子学习成绩不好，骂也骂不好，打也打不好，恨铁不成钢。这就需要大人用心沟通，耐心培养兴趣。许多孩子学习不好，并不是因为不努力或先天资质差，而是没有掌握方法或没有兴趣。事物的变化都需要一个过程。

有个人在边远的村庄买了满满一车西瓜，用拖拉机载着，往城里赶路，希望能趁早卖个好价钱。从村里出来的路弯弯曲曲且坑坑洼洼，他并不熟

悉，于是便向路边的一位农夫打听，问农夫这里离大路还有多远？老农说："慢慢走大概需要半小时，不过你不要走得太快，不然反而更浪费你的时间。""这是什么道理？疯子！"这个人不假思索地说。问完路，他拼命地提速前进，不料还没走几米，车轮就撞到了石头，满载的西瓜在板车上猛烈地摇晃起来，西瓜掉到地上，一个个都被摔坏了。不仅如此，因为车速的冲击力太大，轮胎被锋利的尖石划破。那个人不仅赔了西瓜本，还得自己出钱修车。

在人生的旅程上，那些操之过急者的结果又何尝不是如此？有人提醒却刚愎自用。这样的人不仅做事失败，还会失去朋友。

操之过急往往是由急躁的性格导致的，总是急功近利，遇事毛毛躁躁。性格急躁者遇事易慌乱，几乎没有时间去回味生命里的事物。在处理事情时通常只看表面，而忽略了内在。内在是深层次的，需要我们放慢脚步，细细地斟酌与观察。

有些人认识到市场竞争的激烈，一心求成，干起活来不分昼夜。他们对工作有绝对的热情，要求员工也像他们一样的热情与拼命，唯有以这样快速的工作方式才能达到理想目标。他们却忽略了周密的思考与规划，反而导致事情并未像想象中那样乐观。急于求成只会违反事物发展的规律。揠苗助长的故事相信大家都听过，故事的主人公希望庄稼能快点长高，便用手将它拔高一些，最后导致庄稼不但没有长高，反而全枯萎了。这些都是愚蠢者的所为。

操之过急的人不懂得欲速则不达的道理，经常活在风风火火的世界中。凡事操之过急的人往往在生活中不被人看好，在工作中也不会被上司看重，因为领导多喜欢沉稳踏实的人，而操之过急的人，很难达到让他人信赖

的度。

事情的发展需要一个过程，正如人过木桥，只有放慢速度，才能平衡身体，操之过急会让事情的发展从一个极端走向另一个极端。

做有梦想的女人，做成就自己的女王

人们常说，男儿志在四方，却忽略了女人。中国封建社会几千年，崇尚着女子无才便是德的传统观念，女人的志向被束缚，锁在相夫教子与洗衣做饭上。时代进步，使得女性挣脱了封建的枷锁，冲破了男尊女卑的镣铐，各行各业都有女性的身影。女人有了大志向，也和男子一样创业，为自己的理想而奋斗。

纵观古今中外，出名的女性都是抱有远大的志向，才能完成千古不朽的事业。没有志向的女人只能活在爱情和婚姻之下，她们的生活空间狭小，失去了外界的光彩，永远只能与单调同行。一个依附于男人的事业与爱情下的女人，即使是幸福的，也会让人觉得缺少了韵味。聪明的女人为了自己能拥有更广阔的天空，内心怀有如男子一样的大志，她们的目标也和男子一样的浩大且坚定。拿破仑曾经说过："不想当将军的士兵，不是好士兵"。女人要有志向，生命才会更坚韧。

少年时代的秋瑾就是一个胸怀大志的女孩。秋瑾出生于福建一个地方官员家庭，书香门第使秋瑾从小就开始读书，史籍和文学作品中忧国忧民及为国捐躯的英雄事迹深深印在了秋瑾的心里。长大后，秋瑾不再只陶醉于书斋，而是向往广阔天地，她学习骑马和剑术，这在当时对女孩子来说是另

类且叛逆的。少年的秋瑾胸怀着远大的志向，她的诗中写道：“肉食朝臣尽素餐，精忠报国赖红颜。”秋瑾一直为自己的志向努力奋斗着，她从小的志向与抱负，就像星星之火，最终点燃了燎原之火，照耀着日后的革命道路，成为中国杰出女性的楷模。

人为什么要立志？我们从秋瑾身上就可以看得出。秋瑾之所以能走向成功，是她拥有一颗坚韧不拔的心，而坚韧不拔的心使她拥有伟大而坚定的志向，从而为中华女性开辟出一条前所未有的道路。秋瑾蔑视封建礼法，提倡男女平等，有志冲破传统的礼仪束缚，她从骨子里立志要打破传统的枷锁，为新一代女性开辟一条全新的道路。就连毛主席都说：“女人是半边天。”作为新时代的女性，我们应当感到庆幸，因为只要我们有志气，我们就拥有足够的施展空间，我们有着与男人相应的发展舞台，谁还能说女子不如男？

时代进步，已发展到史上前所未有的顶峰，不仅男性有更多的施展平台，也给予女人同等的平台。无论哪个行业，女人均能独领风骚。人们都说，志向有多大，舞台就有多大。一个人的成功关键在于，你是否有远大的志向。没有志向的人永远只能活在平凡与普通之中，永远不能创造奇迹。

在千千万万平凡的女人中，唯有志向远大的女人方能让人眼睛一亮。因为她们的闪光点不仅体现她们的理想，也体现了她们的思想和斗志。远大的志向才能生出责任，而责任感才能生出使命感与价值感。一个有使命且有价值的人才是一个具有时代意义的新人，才能使我们真正走上女性独立自主的道路。一个胸无大志的女人，会令男人觉得没有思想。在婚姻中没有志向的女人，只会让男人觉得是件依附品。志向不仅能给予我们心灵

上的拯救，也能给予我们攀登人生巅峰的信心，是我们获得成功必需的精神食粮。

一个人若没有了志向，就像是一只断了翅膀的鸟儿，想飞却怎么也飞不高。没有志向的人生如白天里的蝙蝠，就算在阳光之下也没有方向感，使人觉得眼前的世界一片空白，生命逐渐失去斗志，人生会变得毫无意义。当然拥有志向并不是无须努力，人生就能获得成功。志向是给予人目标与力量，带上我们的力量向目标出发，你才能快速抵达。

李白说："天生我材必有用，千金散尽还复来。"不管什么样的困难当前，只要我们拥有志向，坚持自己的追求，我们的人生就可以看到曙光。

心怀感恩，女人的爱心更能打动人心

生命中有太多值得我们感谢的人，感谢父母的养育之恩，感谢恩师的教导之恩，感谢朋友的帮助之恩。

岁月的风霜很快让女人的韶华飘逝，而一颗感恩的心却可以永远不变。看到一缕明媚的阳光，你应该感恩；看到丰盛的早餐，你应该感恩；看到一条朋友的祝福短信，你应该感恩。感恩提升了我们的修养，净化我们的心灵，如果一味地抱怨而没有感恩，你的生活会加倍痛苦。

感恩也是一种知足，俗话说知足者常乐。看过电视上的颁奖典礼现场，当鲜花与雷鸣般的掌声过后，领奖者登台致词，那豪壮的言语，嘹亮的声音，专业的措辞，让人不得不怀疑那些话的真实性。所以当我们的感恩来自于肺腑，我们的心才会感觉到知足的幸福。相反，那些不懂得感恩之人，他们

注定品尝不到这种幸福，甚至会失去更多。

正所谓，得道多助。懂得感恩，除了能给予我们知足常乐的幸福，还会令我们获得更多别人的帮助，有时还能给予人生活的力量。

有位山区里的贫困女孩，为了帮家里减轻负担，每年暑假都去做些推销产品的兼员工作。一天傍晚，姑娘推销得很不顺利，疲惫万分，天又下起雨来，雷声轰鸣却没有可以躲雨的地方。这时有个年轻的女人骑着自行车，在风雨交加的马路上唤女孩过去，要载她一起到没有雨的地方。虽然她有伞，但两个人明显不够用，雨水浸湿了她们的衣服。从那时起，她们就成了好朋友。后来姑娘对女人说："是那个风雨交加的傍晚让我记住了你"。女人说："也让我遇见了可爱的你。我永远不会忘记，那是我丈夫逝世后的第7天，是我人生最悲痛的一段时光。我曾想过要跟他一起去了，但是我不能。我有孩子等着我抚育，我还有年过半百的父母等着我赡养。感谢我的父母生我养我，感谢他的父母给予了我最爱的人。如果问生命为什么而存在，我想生命是为感恩而存在。"说完女人的脸上浮现出幸福的笑容。

看了这则故事丝毫不为所动的人，他们的情感世界中缺少某些很重要的东西，也许永远失去了一些最宝贵的东西！的确，生命路上不管有多艰辛，学会感恩才能让自己豁达，豁达地面对一切不顺利的事物，我们才能看到生活中的重生之火。

感恩是女人沉淀的美，能让女人在狂风暴雨中依然泰然自若；感恩是女人沉淀的韵味，能在她不再年轻时，也令人欣赏；感恩是女人生命的导航灯，是别人无法给予女人的财富。

愿天下所有女人都怀有一颗感恩的心，学会感谢身边的一切。让感恩之心，成为女人长存的风韵。

不被金钱禁锢，做自足自立的时代女性

有句话说，智者驾驭金钱，愚者被金钱束缚。金钱确实能为我们所用，但千万不要成为它的奴隶。随着市场经济大潮汹涌而来，大家的目光似乎都只朝钱看了，奔波辗转，都是为了挣钱，人们为金钱而狂热，为金钱而兴奋难眠，为金钱而泪流满面。这是一种疯狂得近乎歇斯底里的时代病，金钱似乎渐渐成为评价一个人的价值标准。钱固然重要，可当我们费尽心思去想怎么弄到钱的时候，殊不知思想早就被金钱所束缚了。

聪明的人知道，金钱确实能为我们带来很多物质享受，也给我们带来很多便利，也知道钱能救人也能害人。挣钱是为了生存，要生存离不开钱，但是人与钱首先要弄清主从关系，永远要记住，人才是金钱的操纵者，钱应是人的奴隶。我们经常看到的贪官们因为天文数字般的贪污金额最终受到法律的制裁，他们已经不是钱的主人，而成了金钱的奴隶。

郁达夫当年在某校教书，因早年没有名气，小教员的工资根本填补不了生活的压力，经常要为金钱而精打细算。但是不久之后，郁达夫凭借自己的超群的才华被请到有名的大学去教书，薪水也渐涨，一些年后，他已经是名满天下，在金钱方面也渐渐殷实起来，常常有些结余请朋友吃饭。有一次郁达夫请了一位政界的朋友吃饭，点了些菜，要了点酒，两人便愉悦地长谈起来。等到酒足饭饱，郁达夫起身付账。只见他叫来堂倌付钱，并没有从衣兜

里掏出钱来，朋友觉得很纳闷。等到堂倌来到身边时，他才不慌不忙地靠着桌边，慢慢解开鞋带，从鞋子里取出钱，交到堂倌的手里。朋友很诧异地问他为什么把钱踩在脚下？郁达夫笑着说："这东西以前总是压迫我，现在我也要压迫它，让它成为我的奴隶。"

这是则很有趣的故事，它告诉我们，人永远是金钱的主人，钱才是人的奴隶。人的思想一旦被金钱禁锢，行为必然受到金钱的束缚，到头来只能迷失在金钱的迷雾里，让金钱腐蚀了我们的心灵与信仰。马克·吐温说："如果你懂得使用，金钱会是个好奴仆；如果你不懂得怎样使用，它就变成了你的主人。"想象一下，金钱变成自己的主人，那将是一件很可怕的事情，它可以让一个人失去良心和理智，最终金钱就变成了绊脚石。

在现实的生活中，有的女孩以作为拜金女为荣，经不住金钱的诱惑，可当一切繁华过后，只剩自己一人独自彷徨惆怅。金钱是有数可数且有价可量的，我们的生活中还有很多的东西是用金钱换不来的。

小君觉得最幸福的事，就是和男朋友一起去吃饭，因为小君喜欢吃鱼头，每次吃饭男朋友都会把鱼头让给小君吃，这种滋味让小君既满足又甜蜜。可日子久了，这种甜蜜感觉渐渐消失了，虽然男朋友依然每次吃鱼都把鱼头分给她吃。日子一天天平淡，小君慢慢觉得自己的男朋友再没有能吸引她的地方了，便毅然抽身而去，寻找到一个有钱的男朋友，一时风光无限。可惜好景不长，这个男朋友不仅不懂得怜香惜玉，很多地方都还要小玉让着他，最后小玉忍无可忍，只好分手了。她想再回去找以前的男朋友，可前男友已经有女朋友了。小君不死心，请他们两个人一起吃饭。在吃饭的桌子上，男孩依然点了一条鱼，他静静地用勺子舀着鱼头，放进现任女友的碗里，看到此景，小君强忍着泪水。饭吃到一半时她悄悄地去收银台把账结了，独自一个人含泪离开餐馆。

金钱会蒙蔽人分辨幸福的理智，生活中像这样的例子太多了，最终金钱不能使女人幸福，反而令女人痛苦。不要让自己做拜金女，不要为名利钱财所累，这样才能找到真正的幸福。

参考文献

[1]史玉娟.会说话的女人受欢迎[M].北京:中国纺织出版社,2008.

[2]苏芩.20岁跟对人30岁做对事:让女人一生好命的新女学[M].北京:中信出版社,2009.

[3]田秋.聪明女人经:女人掌控生活的智慧[M].北京:新世界出版社,2009.

[4]池雨秋.聪明女人与笨女人的距离[M].北京:中国华侨出版社,2009.

[5]李玲瑶.女人的成熟比成功更重要[M].北京:北京大学出版社,2010.

[6]陆琪.婚姻是女人一辈子的事[M].北京:北方妇女儿童出版社,2011.